MEIO AMBIENTE E
REPRESENTAÇÃO SOCIAL

Questões da Nossa Época
Volume 12

Dados Internacionais de Catalogação na Publicação (CIP)
(Câmara Brasileira do Livro, SP, Brasil)

Reigota, Marcos
  Meio ambiente e representação social / Marcos Reigota. -- 8. ed. -- São Paulo : Cortez, 2010. -- (Coleção questões da nossa época ; v. 12)

Bibliografia.
ISBN 978-85-249-1599-4

1. Ecologia - Aspectos sociais 2. Educação ambiental 3. Meio ambiente I. Título. II. Série.

10-03331 CDD-304.2

Índices para catálogo sistemático:
1. Educação ambiental : Ecologia humana   304.2

Marcos Reigota

MEIO AMBIENTE E REPRESENTAÇÃO SOCIAL

8ª edição
1ª reimpressão

MEIO AMBIENTE E REPRESENTAÇÃO SOCIAL
Marcos Reigota

Capa: aeroestúdio
Preparação de originais: Fernanda Magalhães
Revisão: Ana Paula Ribeiro
Composição: Linea Editora Ltda.
Coordenação editorial: Danilo A. Q. Morales

Nenhuma parte desta obra pode ser reproduzida ou duplicada sem autorização expressa do autor e do editor.

© 1994 by Autor

Direitos para esta edição
CORTEZ EDITORA
Rua Monte Alegre, 1074 – Perdizes
05014-001 – São Paulo — SP
Tel.: (11) 3864-0111   Fax: (11) 3864-4290
E-mail: cortez@cortezeditora.com.br
www.cortezeditora.com.br

Impresso no Brasil — outubro de 2013

Sumário

Apresentação 7

I   Por uma filosofia da educação ambiental 9

II Educação ambiental na América Latina:
    entre a barbárie e a pós-modernidade 31

III Meio ambiente: representação social e
    prática pedagógica 67

Bibliografia 87

Apresentação

Este livro reúne três artigos, escritos no contexto anterior e posterior à realização da Eco-92. Eles foram apresentados em conferências, seminários e cursos em diferentes lugares no Brasil e no exterior.

O primeiro texto, "Por uma filosofia da educação ambiental", procura fundamentar um pensamento que possibilite a realização da educação ambiental, dentro dos paradigmas contemporâneos da ciência, da política, da psicologia e da educação, analisando a contribuição de diferentes áreas do conhecimento. O leitor estará em contato com as bases da educação ambiental no contexto da pós-modernidade relacionada, entre outras, com as teorias: das representações sociais, de S. Moscovici, da nova aliança, de I. Prigogine e I. Stengers, e da justiça social, de J. Rawls.

O segundo texto, "Educação ambiental na América Latina: entre a barbárie e a pós-modernidade", é a síntese de seminários que dei no Centro de Estudos da América Latina, no Instituto de Sociologia da Universidade Livre de Bruxelas, e no Instituto de Estudos do Desenvolvimento da Universidade de Genebra. É também resultado de encontros com profissionais latino-americanos no continente e fora dele. O meu objetivo foi situar a América Latina dentro do contexto planetário em dois temas de fundamental importância nos períodos moderno (educação) e pós-moderno (meio ambiente).

O terceiro texto, "Meio ambiente: representação social e prática pedagógica", é um estudo realizado com estudantes de pós-graduação em educação ambiental da Faculdade de Filosofia, Ciências e Letras de Guarapuava, no Paraná.

As "representações sociais" estão no centro de muitas pesquisas sobre meio ambiente, além de fornecer o título ao livro, aprofunda os temas que permeiam os outros dois textos e enfatiza a prática pedagógica cotidiana de professores e professoras secundários. Eles e elas vivem e trabalham em pequenas cidades, porém, têm os seus problemas ambientais situados na complexidade planetária.

Para finalizar, espero que esse livro possa oferecer novos elementos de interesse, de análise, de debate, de atuação profissional e ação política a todos aqueles que pensam a sua época e estão envolvidos com mudanças locais e planetárias baseadas na equidade, na justiça social e na ecologia.

Marcos Reigota
Londres, novembro de 1994

I
Por uma filosofia da educação ambiental*

Introdução

Neste texto abordarei alguns aspectos que considero importantes para fundamentar uma filosofia da educação ambiental. São argumentos para serem discutidos e aprofundados, cujo objetivo principal é introduzir na reflexão sobre educação ambiental alguns dos itens que têm permeado a recente produção teórica internacional sobre meio ambiente.

---

* Texto utilizado, entre outros de autores diferentes, na elaboração do tratado de Educação Ambiental no Fórum Global da Eco-92. A primeira versão foi apresentada no simpósio "Uma estratégia latino-americana para a Amazônia", São Paulo, 1992. Foram acrescidas à versão atual observações dos participantes de encontros e seminários em Buenos Aires e Florianópolis, setembro de 1992.

Após a reunião do Clube de Roma em 1968 e da Conferência de Estocolmo em 1972, a problemática ambiental passou a ser analisada na sua dimensão planetária. Uma das resoluções da Conferência de Estocolmo apontava para a necessidade de se realizar a educação ambiental tendo em vista a participação dos cidadãos na solução dos problemas ambientais.

Em 1975, a Unesco, organismo encarregado de divulgar e promover a educação ambiental, organizou em Belgrado a primeira reunião de especialistas em educação e áreas afins ligadas ao meio ambiente, para definir os seus objetivos, conteúdos e métodos. Nessa reunião foi elaborado o documento básico da Educação Ambiental, conhecido como *Carta de Belgrado*.

Nas duas últimas décadas, foram promovidos pela Unesco dois congressos mundiais sobre Educação Ambiental. O primeiro realizado em 1977, em Tibilissi, na Geórgia (ex-URSS), e o segundo realizado em 1987, em Moscou, no auge da "Perestroika".

Esses encontros têm permitido amplo debate e troca de experiências entre os especialistas de todo o mundo. No entanto, pela própria característica da Unesco, os trabalhos aí apresentados são os realizados nas esferas oficiais com as propostas e perspectivas sobre educação ambiental dos governos dos respectivos países.

Os argumentos que desenvolvo se baseiam em recentes contribuições da filosofia da ciência, da filosofia política e da filosofia da educação, que, no meu ponto de vista, podem fundamentar uma educação ambiental no contexto de enormes contradições, como é o caso do Brasil em particular e da América Latina em geral.

Parto do princípio de que a educação ambiental é uma proposta que altera profundamente a educação como a conhecemos, não sendo necessariamente uma prática pedagógica voltada para a transmissão de conhecimentos sobre ecologia. Trata-se de uma educação que visa não só a utilização racional dos recursos naturais (para ficar só nesse exemplo), mas basicamente a participação dos cidadãos nas discussões e decisões sobre a questão ambiental.

Considero que a educação ambiental deve procurar estabelecer uma "nova aliança" entre a humanidade e a natureza, uma "nova razão" que não seja sinônimo de autodestruição e estimular a ética nas relações econômicas, políticas e sociais. Ela deve se basear no diálogo entre gerações e culturas em busca da tripla cidadania: local, continental e planetária, e da liberdade na sua mais completa tradução, tendo implícita a perspectiva de uma sociedade mais justa tanto em nível nacional quanto internacional.

1. Meio ambiente: conceito científico ou representação social?

A educação ambiental tem sido realizada a partir da concepção que se tem de meio ambiente. Mas o que significa meio ambiente? Trata-se de um conceito científico ou de uma representação social? O que é um conceito científico? O que é uma representação social?

Os conceitos científicos são termos, entendidos e utilizados universalmente como tais. Assim, são considerados conceitos científicos: nicho ecológico, *habitat*, fotossíntese, ecossistema etc., já que são definidos, compreendidos e ensinados da mesma forma pela comunidade científica internacional, caracterizando o consenso em relação a um determinado conhecimento.

As representações sociais estão basicamente relacionadas com as pessoas que atuam fora da comunidade científica, embora possam também aí estar presentes.

Nas representações sociais podemos encontrar os conceitos científicos da forma que foram aprendidos e internalizados pelas pessoas. Segundo Moscovici (1976), uma representação social é o senso comum que se tem sobre um determinado tema, em que se incluem também os preconceitos, ideologias e características específicas das atividades cotidianas (sociais e profissionais) das pessoas.

Para responder à pergunta inicial, vejamos como meio ambiente é definido por especialistas de diferentes ciências.

O ecólogo Ricklefs (1973, p. 785) o define como

o que circunda um organismo, incluindo as plantas e os animais, com os quais ele interage.

Para o ecólogo Duvigneaud (1984, p. 237)

é evidente que o meio ambiente se compõe de dois aspectos: a) meio ambiente abiótico físico e químico e b) o meio ambiente biótico.

No dicionário francês de ecologia (Touffet, 1982) encontramos a seguinte definição:

O conjunto de fatores bióticos (os seres vivos) ou abióticos (físico-químicos) do *habitat* suscetíveis de terem efeitos diretos ou indiretos sobre os seres vivos e, compreende-se, sobre o homem.

Nessas definições de meio ambiente dadas por ecólogos, observamos que só a última se refere explicitamente ao homem como componente do mesmo, o que nos permite fazer uma série de indagações a respeito da ecologia clássica.

Para o geógrafo Pierre George (in Giollito, 1982, p. 18),

o meio ambiente é ao mesmo tempo uma realidade científica, um tema de agitação, o objeto de um grande medo, uma diversão, uma especulação.

Silliamy (1980), no *Dicionário enciclopédico de psicologia*, o define como

o que circunda um indivíduo ou um grupo. A noção de meio ambiente engloba, ao mesmo tempo, o meio cósmico, geográfico, físico e o meio social, com suas instituições, sua cultura, seus valores. Esse conjunto constitui um sistema de forças que exerce sobre o indivíduo e nas quais ele reage de forma particular, segundo os seus interesses e suas capacidades.

Para encerrar essa série de definições, que pode ser exaustiva, vejamos como o termo meio ambiente é definido no *Aurélio* — dicionário da língua portuguesa. Nele não encontramos a definição de meio ambiente, e o autor nos envia ao termo "ambiente", onde se pode ler: "[do latim ambiente] *Adj.* 1. Que cerca ou envolve os seres vivos ou as coisas por todos os lados; envolvente: meio ambiente; *s.m.* 2. Aquilo que cerca ou envolve os seres vivos ou as coisas; meio ambiente; 3. Lugar, sítio, espaço, recinto; ambiente mal ventilado; 4. Meio. 5. *Arquit.* Ambiência".[1]

Essas definições indicam que não existe um consenso sobre meio ambiente na comunidade científica em geral. Supomos que o mesmo deve ocorrer fora dela. Por seu caráter difuso e variado considero então a noção de meio ambiente uma representação social.

Nesse sentido creio que o primeiro passo para a realização da educação ambiental deve ser a identificação das representações das pessoas envolvidas no processo educativo.

As definições de meio ambiente aqui explicitadas me parecem restritivas; por isso proponho uma outra que possa orientar (e essa e a sua única finalidade) os interessados na perspectiva de educação ambiental que apresento. Defino meio ambiente como

> o lugar determinado ou percebido, onde os elementos naturais e sociais estão em relações dinâmicas e em interação. Essas relações implicam processos de criação cultural e

---

1. Definição de meio ambiente nas edições mais recentes do dicionário *Aurélio* (N. do R.).

tecnológica e processos históricos e sociais de transformação do meio natural e construído.

Procuro deixar implícito nessa definição que meio ambiente é um espaço *determinado* no tempo, no sentido de se procurar delimitar as fronteiras e os momentos específicos que permitem um conhecimento mais aprofundado.

Ele é também *percebido*, já que cada pessoa o delimita em função de suas representações, conhecimento específico e experiências cotidianas nesse mesmo tempo e espaço.

As *relações dinâmicas e interativas*, às quais me refiro, indicam a constante mutação, como resultado da dialética das relações entre os grupos sociais e o meio natural e construído, implicando um processo de criação permanente, que estabelece e caracteriza culturas em tempo e espaços específicos.

Os seus sinais se manifestam na própria natureza, na arquitetura, nas artes plásticas, no cinema, no teatro, na música, na dança, na literatura, na tecnologia, na política, na ciência etc.

Em transformando o espaço, os meios natural e social, o homem também é transformado por eles. Assim o processo criativo é externo e interno (no sentido subjetivo). As transformações interna e externa caracterizam a história social e a história individual em que se visualizam e manifestam as necessidades, a distribuição, a exploração e o acesso aos recursos naturais, culturais e sociais de um povo.

Para a fundamentação da educação ambiental a partir dessa concepção de meio ambiente, busco em áreas da filosofia os argumentos que exponho a seguir.

2. Em busca de uma "nova aliança": a contribuição da filosofia da ciência à educação ambiental

A nova aliança é o título do livro escrito por Ilya Prigogine e Isabelle Stengers (professores da Universidade Livre de Bruxelas) e representa um dos marcos da filosofia da ciência contemporânea.

A ideia básica que o permeia pode ser resumida na resposta dada por Prigogine ao jornal *Le Monde* (1984, p. 52):

> *A nova aliança* é uma escuta poética da natureza, reintegrando o homem no universo que ele observa.

Os autores procuram romper com a ciência clássica, que se baseia nas pretensas objetividade e neutralidade, e que exige uma observação do mundo exterior ao homem e não a partir dele.

Prigogine e Stengers procuram no seu livro responder principalmente às ideias do prêmio Nobel de Medicina, Jacques Monod, que em *O acaso e a necessidade* descreve os avanços da biologia molecular, portanto, da ciência contemporânea de ponta, porém fundamentada em uma concepção clássica de ciência.

Segundo Monod, o conhecimento sobre a espécie humana, possibilitado pelos recentes avanços da ciência, só confirma a sua especificidade (ou a sua superioridade) em relação às outras espécies, confirmando também a sua solidão no universo.

No livro *A nova aliança* são descritos os avanços científicos contemporâneos, principalmente os ocorridos na Física e na Química, porém baseados em outra perspectiva filosófica, em que se busca estabelecer com a natureza um outro tipo de comunicação — que não seja o monólogo do cientista que decifra as suas leis do universo, mas o diálogo entre o cientista e a natureza —, considerando que ela não é passiva nem simples como as leis que os observadores procuram lhe determinar, mas, sim, complexa e múltipla.

Rompendo com o monólogo e propondo o diálogo, os autores consideram que a natureza "responde" às indagações feitas pelos cientistas e que estes precisam decifrar essas respostas, como alguém que faz uma leitura, entre outras possíveis, dessas respostas.

Nesse sentido, a ciência contemporânea relativiza o conhecimento e desestabiliza o poder das "verdades" científicas.

Conhecida como "ciência do complexo", ela procura conhecer os momentos de estabilidade e de instabilidade, assim como os acontecimentos raros e aleatórios do universo, normalmente deixados de lado pelos cientistas clássicos.

No plano experimental em físico-química dessas questões, os trabalhos de Prigogine lhe valeram o prêmio Nobel em 1977.

Ele e sua equipe observaram que a irreversibilidade dos sistemas físicos em desequilíbrio tem um papel construtivo na natureza, pois lhe permite (e exige) a reorganização e a auto-organização. Portanto, a irreversibilidade e a instabilidade são fontes criadoras de novas formas de organização.

Essas pesquisas rompem com a herança da física clássica, que considerava que a ordem do universo só precisava ser decifrada.

A influência dos estudos experimentais baseados nas estruturas dissipativas e na auto-organização tem sido considerável, não só no seu campo específico, mas também na ecologia, na filosofia, na política, na psicologia, na educação, ou seja, nas ciências em geral.[2]

Como observa Prigogine, na entrevista já citada, "tivemos que abandonar a tranquila quietude de já ter decifrado o mundo".

Traduzindo esses conceitos para as questões ambientais, o físico e educador argentino Roland Garcia (1991, p. 6), colaborador de Piaget durante muitos anos, observa que

> a problemática ambiental traça questões derivadas do caráter complexo dos sistemas ambientais. Os sistemas complexos possuem uma dupla característica: estar integrados por elementos heterogêneos, em permanente interação, e abertos, isto é, submetidos como totalidade.

---

2. Sobre este tema ver principalmente Dumouchel e Dupuy (1983) e Brans e Stengers (1988).

Para a educação, a proposta da "nova aliança" considera que para a apropriação do conhecimento científico é necessário um aprendizado do corpo. (Stengers, 1990, p. 71)

Não se trata de transmitir conteúdos, conceitos e o método científico experimental, mas, sim, aprender a olhar, aprender a ler indícios e o aleatório, entender a ciência como criatividade e atividade que permite integrar a arte e os diferentes conhecimentos (científicos e tradicionais).

Quando esteve no Brasil, Isabelle Stengers foi entrevistada pelo jornal Folha de S.Paulo e, na ocasião, ela fez comentários sobre o ensino de ciências (tema não muito presente até então nos seus trabalhos individuais e nos escritos com Prigogine).

Para ela, a ciência ensinada é carregada de autoridade, de "validação" que traduz a velha forma de se fazer ciência. Ela considera que seria muito importante o público ter acesso às controvérsias científicas, pois a seu ver elas são sempre mais interessantes que os seus resultados.

Se o primeiro item (romper com o monólogo) da "nova aliança" foi, penso eu, aqui explicitado, resta fazer o mesmo com o que Prigogine chama de "escuta poética" da natureza. Ora, falar de poesia nos meios científicos pode parecer uma aberração, já que ela é considerada nos meios acadêmicos conservadores como produto da subjetividade e um passatempo, portanto, completamente oposto à atividade científica, racional, objetiva, neutra e séria.

Entre os inúmeros méritos de Prigogine e Stengers, um especial é o fato de estabelecerem com a literatura, a poesia e o teatro "diálogos" teóricos a respeito de seus argumentos científicos. A ideia de "escuta poética" pode ser facilmente banalizada, se entendida como uma relação idílica com a natureza.

Entendo que Prigogine procura chamar a atenção para a importância dos sentidos e da subjetividade nas atividades científicas e cotidianas como a natureza, abandonando o paradigma racionalista de ciência e de exploração dos recursos naturais.

A educação, baseada nessa concepção de ciência, procura, como observa Paula Carvalho (in Teixeira, 1990, p. 49), levantar as

> pequenas histórias, as histórias individuais, dos homens entre si e com a natureza, que não fazem parte da história oficial, pois é nessa "outra" realidade que ocorrem os fatos aparentemente não significativos, banais, não lógicos, não racionais, em suma, tudo o que acontece fora dos limites dos regulamentos e normas,

onde as várias representações sociais possam ser conhecidas, modificadas, reelaboradas e atingir maior complexidade e clareza ao mesmo tempo.

A compreensão das diferentes representações deve ser a base da busca de negociação e solução dos problemas ambientais. Não se trata de saber quantitativamente mais, mas qualitativamente melhor sobre as questões que um determinado grupo pretende estudar e onde pretende atuar.

3. Utopia, autonomia, cidadania e justiça social: as contribuições da filosofia política à educação ambiental

Com a queda do muro de Berlim e o fim do socialismo autoritário no Leste europeu, muito se tem falado sobre o "fim da utopia". Os mais apressados apostam no fim da história e na vitória definitiva do sistema capitalista.

No entanto, ligar automaticamente o pensamento utópico ao regime socialista é um limite e um reducionismo que não só os meios de comunicação se apressam em divulgar, mas também teóricos e políticos de diferentes tendências.

Mannheim (1986) escreveu que as utopias sempre existiram na história, e considero atualmente o pensamento ambientalista uma das provas de sua continuidade. Evidentemente, utopia não é sinônimo de ingenuidade, de irrealizável ou de sonho, como também querem fazer crer. Mannheim explica que a utopia não é privilégio ou monopólio de um único grupo ou sistema de pensamento e que ela se apresenta sob diferentes formas, nos anabatistas, nos liberais, nos comunistas, nos socialistas e nos conservadores. As diferenças básicas entre as utopias desses distintos grupos estão na noção de tempo para a sua realização e na diversidade de expectativas.

Para os anabatistas, a utopia consiste em viver orgiasticamente, aqui e agora, ou seja, no presente cotidiano. Para os liberais, trata-se de viver no futuro os resultados do progresso econômico. Nesse ponto, a utopia dos liberais se encontra em dois princípios (no tempo e no aspecto econômico) com a mesma dos socialistas e comunistas.

Contrária à utopia orgiástica do presente cotidiano e à utopia do progresso no futuro dos liberais, comunistas e socialistas, encontra-se a utopia dos conservadores que querem preservar os valores e a ordem do passado.

A essas interpretações da utopia, de Mannheim, podemos acrescentar as de Nozick (1991), que a classifica em três tipos: a utopia imperialista, a utopia missionária e a utopia existencial, e não as relaciona necessariamente com o tempo de sua realização, mas basicamente com as propostas de organização social e política. Para ele,

> o utopismo *imperialista* [...] tolera o emprego da força para obrigar todos a se ajustarem a um único padrão de comunidade; o utopismo *missionário* [...] tem a esperança de persuadir ou convencer a todos a viver em um tipo particular de comunidade, mas [...] não os forçarão a assim agir; e o utopismo *existencial* [...] tem a esperança de que um modelo particular, de comunidade existirá (será viável), embora não abrangendo necessariamente todas as pessoas, de modo que os que queiram deixá-lo podem fazê-lo. (1991, p. 34)

Pensar em uma mudança radical da sociedade, tendo como base uma perspectiva ecológica, é uma utopia que não deve ser entendida como ingênua ou impossível, mas como um conjunto de ideias que tendem a gerar atividades visando a mudanças no sistema prevalecente.

A expansão do pensamento ambientalista nos últimos anos fez com que praticamente todas as correntes políticas tivessem algo a dizer sobre o assunto. Assim, entre os diversos discursos ambientalistas atuais, creio ser de fundamental importância um posicionamento em relação às diversas correntes. A meu ver, as propostas ambientalistas que buscam a autonomia da sociedade civil frente ao Estado e à realização de uma sociedade mais justa (não só nos seus aspectos econômicos) são as que melhor podem contribuir para a realização da educação ambiental com as características assinaladas.

Mas o que significa autonomia da sociedade civil frente ao Estado e uma sociedade justa?

Os ambientalistas de tendência autonomista, ao longo das duas últimas décadas, têm procurado responder, principalmente, à primeira parte dessa questão.

Entre os principais teóricos e divulgadores dessa corrente, podemos citar: André Gorz, Cornelius Castoriadis, Cohn-Bendit, Paul Virillo, M. Bookchin, e Félix Guattari. Nessa lista podemos incluir, também, José Lutzemberg e Fernando Gabeira.

Embora cada um deles apresente uma reflexão original sobre a questão da autonomia, ligada diretamente ou não às questões ambientais, é de Castoriadis a observação:

> falar de uma sociedade autônoma, ou de autonomia da sociedade [...] pressupõe ao mesmo tempo a capacidade e a vontade dos seres humanos de se autogovernarem, no sentido mais forte dessa palavra. (Castoriadis e Cohn-Bendit, 1981, p. 29)

A autogestão, como a divulgada pelos teóricos próximos do pensamento político libertário, deixa implícita a total autonomia dos indivíduos e das comunidades em relação às imposições do Estado.

Dentro dessa lógica, os mais radicais propõem a extinção do mesmo e dos seus aparelhos. Nozick (1991) é um dos filósofos que pensa ser impossível a existência de uma sociedade sem Estado, porém também não considera benéfica a sua presença em todas as atividades cotidianas, sendo radicalmente contra o Estado paternalista e populista.

Contra a impossibilidade da extinção do Estado e a extensão do mesmo, Nozick (1991, p. 284) propõe o "estado mínimo" por considerá-lo o que

> melhor reduz as possibilidades da tomada ou manipulação do estado por pessoas que desejam poder ou benefícios econômicos, especialmente se combinado com um corpo de cidadãos razoavelmente alerta.

A meu ver, a ideia de "estado mínimo" foi indevidamente apropriada pelos adeptos da corrente neoliberal. No entanto, a sua origem está ligada ao movimento libertariano, também conhecido como anarco-capitalista.

Para Nozick, qualquer Estado que ultrapasse os limites do mínimo não se justifica moralmente (p. 303). Esta não é a posição de Rawls, teórico com quem Nozick desenvolve um rico debate a partir do início dos anos 1970.

Rawls (1981) considera que um Estado mais amplo se justifica moralmente, principalmente se ele garante a distribuição de bens e da justiça, especialmente aos mais pobres. Para ele, a noção e a prática da justiça são os elementos básicos das instituições e da sociedade, sendo um valor ético fundamental. Ele considera, também, que uma sociedade é justa quando os seus princípios de justiça não ferem os direitos fundamentais dos indivíduos.

A posição inicial de Rawls, baseada nos direitos individuais, tem sido apoiada, criticada e autocriticada nas duas últimas décadas, fazendo com que a sua *Teoria da justiça* seja uma das principais contribuições da filosofia política deste século.

Um dos críticos de sua posição inicial é o filósofo nigeriano P. Iroegbu (1988), que, se baseando na tradição comunitária africana (na qual a noção de indivíduo como a conhecemos praticamente não existe), afirma que, se os direitos individuais não devem ser negados, o mesmo deve ocorrer com os direitos comunitários. Ou seja, em determinadas situações, os direitos coletivos prevalecem aos direitos individuais.

As críticas ao excesso de individualismo na sua teoria foram acatadas e, na sua "segunda fase", Rawls abandona a noção de indivíduo e adota a de cidadão.

Nessa mudança fica implícito que o cidadão atua, exige e constrói os seus direitos individuais e coletivos, a partir do exercício da cidadania, não privilegiando os seus interesses individuais.

A participação dos cidadãos, em nível individual ou em ONGs e movimentos, na construção de uma sociedade mais justa e ecologicamente sustentável, tem sido crescente, e a sua importância é indiscutível.

Como observa Leis (1992), "cometeríamos um lamentável erro se confiássemos a gestão de políticas de meio ambiente e desenvolvimento apenas à consciência e vontade dos atores do Estado (o governo) e do mercado (as multinacionais)".

Para a educação ambiental, entendida como educação política, os argumentos acima apresentados procuram fortalecer a ideia do seu papel de educação crítica aos sistemas autoritários, tecnocráticos e populistas. Por outro lado, a sua prática se justifica, se ela colabora na busca e construção de alternativas sociais, baseadas em princípios ecológicos, éticos e de justiça, para com as gerações atuais e futuras.

4. Diálogo entre diferentes: a contribuição da filosofia da educação à educação ambiental

No início deste capítulo explicitei que a prática da educação ambiental depende da concepção de meio ambiente que se tenha. Considero também necessário, como ponto de partida de toda prática, conhecer as representações de meio ambiente das pessoas envolvidas no processo pedagógico.

Para esse fim é necessário que a prática pedagógica seja criativa e democrática, fundamentada no diálogo entre professor e alunos.

A Pedagogia Dialógica tem a sua origem nos trabalhos pioneiros de Paulo Freire, tendo sido enriquecida nas últimas décadas com contribuições baseadas nas teorias de Habermas, Moscovici, Piaget, Rawls e Vigotsky.

O atual período da Pedagogia Dialógica considera fundamentais as interações comunicativas, nas quais as pessoas são ouvidas em busca de estabelecer um objetivo comum e se põem de acordo, para estabelecer os seus planos de estudo e de ação.

Como na Filosofia da Ciência e na Filosofia Política, também na Filosofia da Educação se busca romper com o monólogo (do professor ou do aluno).

A participação do cidadão na elaboração de alternativas ambientalistas, tanto na micropolítica das ações cotidianas como na macropolítica da nova (des)ordem mundial, exige dele a prática e o aprendizado do diálogo entre gerações, culturas e hábitos diferentes.

Os últimos acontecimentos nacionais e internacionais têm nos mostrado, no entanto, que há pouco interesse pelo diálogo nos inúmeros grupos que surgiram recentemente, os quais preferem resolver os seus conflitos através das armas e de atos de covardia.

O contexto mundial só faz aumentar a necessidade do exercício do diálogo entre culturas diferentes, conhecimento científico e tradicional e entre as diferentes representações sobre o mesmo tema.

Estamos também longe da autogestão como a explicitada por Castoriadis e, em muitos países, observamos o surgimento de líderes neofascistas e autoritários como os analisados por Horkheimer (1974) e por Moscovici (1988 e 1991), eles hipnotizam as consciências com os seus discursos redentores, nacionalistas e étnicos acrescidos de acrobacias esportivas, propostas moralistas retrógradas, escândalos financeiros e comportamentais e exaustiva presença nos meios de comunicação de massa.

Esse quadro pessimista seria ainda maior se não houvesse a presença dos "cidadãos alertas" (Nozick), ou das "minorias ativas" (Moscovici, 1979).

Com os grupos sociais acima é que a Pedagogia Dialógica tem a possibilidade de desenvolver o seu papel político, tendo em vista o exercício necessário para enfrentar o conflito com a maioria e com o *status quo*. Ela não tem como objetivo a formação de uma casta de iluminados, nem alimenta a ilusão de que os problemas ambientais serão resolvidos através dela.

Não se trata, também, de fazer uma educação elitista, mesmo porque isso iria contra todos os argumentos defendidos até o momento, nem a educação "da massa", mas, sim, conhecer e definir os seus próprios limites.

A educação ambiental, assim pensada, questiona as tendências mais gerais da educação contemporânea, que se baseiam: na *transmissão* de conteúdos científicos (originados na ciência clássica e no positivismo); nos *métodos* ditos modernos e sem reflexão crítica, nos *meios tecnológicos* (do computador ao vídeo); no *populismo* cultural que considera sempre válido todo conhecimento originado nas camadas sociais mais pobres.

No meu ponto de vista, é por intermédio das interações intersubjetivas e comunicativas entre pessoas com diferentes concepções de mundo e relações cotidianas com o meio natural e construído; características de vida social e afetiva; acesso a diferentes produtos culturais; formas de manifestar as suas ideias; conhecimento e cultura; dimensões de tempo e expectativas de vida; níveis de consumo e de participação política que poderemos estabelecer diretrizes mínimas para a solução dos problemas ambientais que preocupam a todos.

O desafio da educação ambiental é sair da ingenuidade e do conservadorismo (biológico e político) a que se viu confinada e propor alternativas sociais, considerando a complexidade das relações humanas e ambientais.

Conclusão

Procurei abordar alguns elementos de reflexão para a prática da educação ambiental dentro de um contexto ecológico, político e social. A educação ambiental tem contribuído para uma profunda discussão sobre a educação contemporânea em geral, já que as concepções vigentes não dão conta da complexidade do cotidiano em que vivemos nesse final de século.

Este texto tenta colaborar com aqueles que procuram alternativas para as práticas cotidianas de educação em geral e da educação ambiental em particular, e também com os que procuram romper com os quadros teóricos que garantem e conservam pequenos e grandes privilégios.

Para isso foram necessárias muitas citações e argumentos, percurso que pode ser mais simples, poético e direto, se entendermos, como o anônimo menino que participou do projeto A Voz das Crianças sobre o Futuro do Planeta, que: "Sempre resta a esperança do homem descobrir o velho segredo: que o mundo é ele e ele é o mundo".

II

Educação ambiental na América Latina: entre a barbárie e a pós-modernidade*

Introdução

Qualquer que seja o tema escolhido para se abordar no contexto latino-americano, corremos o risco de ser extremamente generalistas e/ou superficiais. Essa dificuldade ocorre devido ao aspecto aparentemente homogêneo do continente, na sua formação cultural, social, econômica e política. No entanto, a América Latina é um continente de múltiplas características, onde se fala espanhol, português, inglês, francês, holandês, línguas

---

* Texto apresentado no ciclo de seminários do Centro de Estudos da América Latina, do Instituto de Sociologia, da Universidade Livre de Bruxelas, em 17 de fevereiro de 1993, e no Instituto de Estudos do Desenvolvimento da Universidade de Genebra, em 9 de março de 1993.

Agradeço as contribuições a este texto de: Ana Tomeo (Uruguai), Belchior (Brasil), Erasmo Lopes (Honduras), Ivone Lauria (Bélgica), Maira Romero (Costa Rica), Patricia Gay (Argentina) e Rodrigo Lara (Chile).

indígenas e inúmeros dialetos que misturam um pouco da influência de cada uma delas.

Aí também se encontram modelos econômicos diversos, como o capitalismo nas suas diferentes vertentes e o socialismo do tipo cubano. No plano político, o continente conheceu nas décadas de 1960 e 1970 e princípios dos anos 1980 ferozes ditaduras militares na Argentina, no Brasil, Chile, Uruguai e Paraguai, ao mesmo tempo em que a Costa Rica e a Venezuela consolidavam a sua tradição democrática, sendo que este último país tem tido essa tradição abalada nos últimos anos pelas tentativas de golpe de Estado.

A Bolívia, após inúmeros governos, tende a uma estabilidade política, enquanto a Nicarágua, após uma desproporcional luta com os Estados Unidos e uma guerra civil de longa duração, abandona o seu projeto político revolucionário sandinista.

Cuba não passa incógnita às mudanças ocorridas na ex-União Soviética e nos países do Leste europeu, ao mesmo tempo que um padre ligado à teologia da libertação é eleito presidente do Haiti e logo deposto por um golpe de Estado.

A forte tendência militarista da Argentina, do Brasil, Chile, Uruguai e os grupos guerrilheiros e paramilitares no Peru, na Colômbia, Nicarágua, em El Salvador e na Guatemala contrastam com a inexistência de exército na Costa Rica e com os três prêmios Nobel da Paz concedidos ao argentino Adolfo Perez Esquivel, ao costarriquenho Oscar Arias e à guatemalteca Rigoberta Menchu.

Da cultura latino-americana e da sua contribuição à cultura da humanidade muito já se falou, seja por intermédio da arte pré-colombiana, com o seu alto grau de técnica e refinamento estético de diferentes povos do continente, ou até da mais recente "descoberta", principalmente após a Segunda Guerra Mundial, da literatura, música e artes plásticas, contemporâneas.

Esses aspectos, que são apenas alguns entre muitos, nos colocam diante da heterogeneidade da América Latina e da precaução necessária a todo estudo relacionado ao continente. Neste texto, procurarei aprofundar a análise em dois aspectos, intimamente ligados aos anteriores: a educação e a problemática ambiental no contexto do debate atual sobre modernidade e pós-modernidade.

1. Educação para todos: exigência da modernidade

Entre as características que, segundo Habermas (1988, p. 213), inauguram a modernidade estão: a formação das identidades nacionais, as formas de vida urbana e a instrução pública. Neste item procurarei abordar inicialmente a formação das identidades nacionais por meio da cultura e do acesso à instrução pública. O terceiro aspecto, as formas de vida urbana, será analisado em outro momento.

Para Brunner (Brunner e Gomariz, 1991, p. 37), a modernidade na América Latina chegou por intermédio de profundas transformações nos modos de produzir, transmitir e consumir cultura. Esse autor considera que é aí que se encontra a diferença entre o projeto de modernidade latino-americano e o projeto dos iluministas europeus.

Neste sentido a modernidade no continente é muito recente, tendo não mais de quarenta anos. Para Gomariz (op. cit., p. 44), o processo de modernidade da América Latina é muito mais antigo e tem outra origem que a citada por Brunner, já que ele situa o início da modernidade durante o século XIX com... os militares.

Independente da sua data de origem, penso que a modernidade latino-americana é fruto de uma elite liberal, formada através e pelas possibilidades de acesso à cultura, e da elite militar, que procuram atingir o progresso econômico, de preferência (ou impondo) com ordem política e social.

A cultura e a educação para todos são vistas como consequência do progresso econômico e não como base do mesmo. A cultura, nesse sentido, é ilustrativa, enciclopédica, procurando refletir o acesso de uma classe ao mundo civilizado e moderno.

A construção de teatros neoclássicos, para receber as grandes companhias artísticas europeias — como o de Manaus, em plena Amazônia, no auge da extração do látex e o de São José da Costa Rica, no auge da exportação do café — são dois exemplos arquitetônicos que mostram as necessidades de visualização da ascensão cultural do tipo europeu da burguesia de origem extrativista e agrícola.

A burguesia de origem industrial também investe na construção de teatros, no mesmo estilo e com os mesmos objetivos em Buenos Aires, Rio de Janeiro, São Paulo etc. Nessas cidades, esta classe social investiu também na importação de objetos de arte e quadros de artistas europeus, principalmente no final da Segunda Guerra Mundial, período em que esses produtos podiam ser adquiridos a um bom preço.

No que diz respeito à educação, a prioridade é pela formação da elite, visando à formação dos quadros necessários à política e à economia, por um lado, e de outro à formação de mão de obra necessária ao projeto de modernização e industrialização.

A cidade de São Paulo é um dos exemplos mais completos desse projeto. A formação da elite será feita por intermédio dos benefícios da burguesia, que inaugura a Escola Livre de Sociologia e Política em 1933 e a Faculdade de Filosofia, Ciências e Letras em 1934. Nessas escolas ensinaram grandes nomes das ciências humanas europeias, como Levi-Strauss e M. Foucault, e estudaram (e ensinaram ou ainda ensinam) intelectuais como Florestan Fernandes, Fernando Henrique Cardoso, Octavio Ianni, Marilena Chaui, Francisco Weffort, entre outros.

Esses estabelecimentos de ensino superior refletiam uma

> certa mobilização intelectual das classes dominantes possuídas, então, pela ideia de formar líderes, verdadeiros técnicos das coisas públicas com formação intelectual capaz de os colocar à frente da economia e da política do Estado e da nação (Candido, *apud* Morse, 1990, p. 150).[1]

---

1. Sobre a relação, desenvolvimento, política e educação em São Paulo e no Brasil, no período militar, ver também o comentário de Lyotard (1979, p. 65).

O processo de modernização, baseado na indústria em São Paulo, trazia consigo os problemas da qualidade de vida e dos direitos dos operários, quase sempre tratados como "caso de polícia". Na edição de 18 de janeiro de 1927 do jornal operário paulista *O combate* se lia:

salário diminuto, o dia do obreiro excessivamente alongado, os seus músculos gastando-se como as rodas do maquinismo, a mulher obrigada a ganhar o pão cotidiano, os filhos sem roupa nem tempo para frequentar a escola [...]. (Senai, 1991, p. 61)

Esses dois polos de formação típicos do modelo industrial modernista de desenvolvimento não são os únicos, sendo também necessário analisar as contradições surgidas no interior do sistema: nem todos os educados na concepção elitista aderem às perspectivas políticas subjacentes e nem todos os operários se limitarão às suas atividades manuais e pacíficas, garantindo a manutenção da ordem social e econômica.

Surge também a classe média urbana, produtora e consumidora de cultura de diferentes procedências e características. Com a impulsão dos meios de comunicação de massa, principalmente a televisão, há maior difusão, produção, consumo e acesso à informação e à cultura (basicamente *pop* e *kitsch*), assim como à produção de subjetividade, que estimula novos modelos de conduta e concepções políticas, ao mesmo tempo em que divulga a ideologia das classes dominantes (Hammer e McLaren, 1992, p. 21-39).

O acesso à escola básica, ou seja, à instrução pública, também se expandiu, embora continue sendo grande a dificuldade de aí permanecer, para grande parte da população latino-americana. À exceção de Argentina, Costa Rica, Cuba e Uruguai, que apresentam taxas de alfabetização superiores a 90%, todos os outros países apresentam índices altíssimos de analfabetismo e de insuficiente educação básica.

Na República Dominicana, Brasil, Colômbia, Bolívia e El Salvador, a porcentagem de analfabetos supera os 20% e em Honduras e Guatemala 40%.

Na Argentina, Cuba, Chile e Uruguai, os índices de conclusão do ensino secundário são os mais altos, porém não ultrapassando os 65% (Isuani, 1992, p. 107). Recentes dados sobre o Brasil, publicados pelo Instituto Brasileiro de Geografia e Estatística, indicam que 18 milhões de pessoas com mais de quinze anos são analfabetas, quatro milhões em idade escolar estão fora da escola e somente 26,5% dos adolescentes brasileiros têm oito anos de estudos (*Folha de S.Paulo*, 11/9/1992).

A frieza desses números esconde a violenta realidade cotidiana de milhares de crianças e adolescentes abandonados à própria sorte nas ruas das grandes cidades. A década de 1980 é considerada uma década perdida para a América Latina, embora muitos avanços políticos fossem conquistados, como o fim das ditaduras militares. Os dados acima refletem que a educação continua sendo um privilégio e não um direito fundamental. Porém essa não é a posição de educadores como Braslavsky (1989, p. 33), que escreve:

os processos descritos e analisados em três estudos de caso (Argentina, Brasil, Uruguai) permitem, apesar de todas as dificuldades, afirmar que para a educação a década de 1980 não foi uma década perdida: se ampliou o sistema, se realizaram experiências participativas, melhorou a qualidade política da educação e se criaram algumas condições para a melhoria de sua qualidade científica.

Poderíamos ainda explorar os dados relativos à diferença de acesso à educação pelas crianças dos meios rural e urbano, entre as meninas e os meninos e entre os brancos, negros e índios. Por exemplo, na Venezuela (dados de 1986), 17% das crianças de até catorze anos do meio rural nunca foram à escola e, na Guatemala, 72% das meninas tiveram a mesma sorte (Durston, 1992, p. 93).

Esses dados são coerentes com a situação econômica e social, onde 44% da população, segundo a Cepal, se encontram em situação de pobreza (204 milhões de pessoas). Calcula-se que 40% dos lares não consomem o mínimo de calorias necessárias e que de 12 milhões de crianças que nascem anualmente, mais de 700 mil morrem antes do primeiro ano de vida (CMDAALC, 1991, p. 10). Nesse contexto é inquietante o maior desafio para a América Latina, nos anos 1990, conciliar democracia e desenvolvimento (Lechner, 1991, p. 13).

Porém considerar a América Latina só por esse lado catastrófico seria limitar, e muito, a análise do problema educacional. O continente conta também com uma elite muito bem formada nas suas principais universidades e nas universidades americanas, canadenses e europeias.

Podemos caracterizar a elite cultural em pelo menos quatro grandes grupos.

O primeiro deles é constituído por aqueles ligados ao projeto liberal, atrelado aos interesses econômicos políticos e culturais internacionais, em troca dos altos padrões de consumo, de educação e cultura. É um grupo curioso que, como bem o caracterizou Antonio Candido (1977), possui

> o refinamento social, porém provinciano, que não vive a modernidade, mas um tipo de inevitável alienação.

O segundo grupo é constituído pela tecnocracia, ávido pelos postos dos aparelhos do Estado, independente da ideologia dos governos no poder. Seus membros vivem de gentilezas e apadrinhamentos, e muitas vezes estão envolvidos nos grandes e pequenos escândalos financeiros e morais. São os "intelectuais flutuantes",[2] que passam do cristianismo ao marxismo, deste ao neoliberalismo ou ao ecologismo (outras passagens são possíveis e presentes), com a mesma velocidade com que se dedicam a permanecer junto ao poder político, econômico e simbólico. Muitos são competentes em suas áreas, mas para não ferirem interesses e, consequentemente, perderem o *status quo*, negligenciam a competência profissional em favor das ordens superiores.

Os outros membros desse grupo legitimam seus postos, pela exaustiva presença nos meios de comunica-

---

2. A terminologia é de Fábio Cascino, empregada em um seminário durante a Eco-92.

ção de massa. Têm em comum o poder de decisão sobre situações que afetam o cotidiano de milhares de pessoas, mas priorizam os seus interesses particulares, os dos seus chefes e padrinhos, familiares e amigos.

O terceiro grupo é o dos dissidentes, dos intelectuais críticos, que questionam, exigem e realizam mudanças no processo social, normalmente pagando muito caro pela ousadia. Principalmente no período militar muitos se viram em péssimas situações ou foram assassinados. Na Argentina, em 1974, 15 mil professores não tiveram os seus contratos de trabalho assinados (Braslavsky, 1989, p. 41), os que conseguiram se exilar são hoje chamados a voltar, para colaborarem com o desenvolvimento do país, como se pode ler no editorial do jornal *El Clarín* de 28/8/1992. No Uruguai, o êxodo foi tão grande que, basicamente, inexistem atualmente no país pesquisadores em educação (Braslavsky, 1989, p. 31).

O quarto grupo é representado pela geração daqueles que cresceram e fizeram os seus estudos universitários durante e sob os regimes autoritários. Um subgrupo dessa geração repete os passos e estratégias dos três grupos já citados. A diferença básica é em relação ao grupo dos dissidentes. Essa geração desconhece o exílio forçado, mas não a prisão, seja por motivos políticos ou por porte de drogas. O segundo subgrupo é composto pelos herdeiros do pensamento dos grupos anteriores, não repetindo necessariamente as suas características.

Assim, os herdeiros da burguesia refinada e provinciana especulam no mercado financeiro, são os *yuppies*, cujas características são as mesmas que as dos seus pares em todo o mundo. Os herdeiros da tecnocracia atuam basicamente nos meios de comunicação e nas artes ("de vanguarda") em geral. Estão sempre muito bem informados sobre o último vídeo, instalação, ou *performance* realizados em Nova York e se autodenominam pós-modernos. Os herdeiros dos dissidentes e intelectuais críticos atuam no ecologismo, nos direitos humanos, no feminismo etc. e, como os originários das classes operária e camponesa que conseguiram escapar aos determinismos e às reproduções sociais a elas impostas, atuam basicamente na transmissão do conhecimento. Ou seja, grande parte deles são professores, mas dificilmente são encontrados (seja como estudantes ou profissionais) nas escolas reservadas às elites econômica e política.

Um dado importante dessa geração da elite intelectual, e até o momento pouco estudado, é que ela inaugura um fato social novo no continente: a emigração para a Austrália, Estados Unidos, Canadá, Espanha, Inglaterra, Itália, Portugal, Japão, entre outros países.

Essa geração emigra não como "*intelligentsia* profissional" ou "*intelligentsia* técnica" (Lyotard, 1979, p. 81), embora se possam encontrar em universidades e centros técnicos avançados jovens profissionais latino-americanos; no entanto, a principal característica desse grupo é o acesso ao mercado de trabalho não especializado desses países.

Nos países latino-americanos, onde a imigração europeia do início do século foi numerosa, as gerações atuais têm o passaporte europeu[3] como um documento

---

3. A legislação italiana o concede a todos os descendentes, pela linhagem paterna; a espanhola, aos descendentes da segunda geração de um espanhol;

importante e ao mesmo tempo um *fetiche*, que permite não só obter trabalho nos países da comunidade europeia, como também entrar no mundo "civilizado" como cidadão de primeira classe.

Diante da atual conjuntura política, econômica, cultural e ecológica mundial, a América Latina se vê obrigada a redefinir o seu modelo de desenvolvimento e de educação, tendo em vista garantir a "sustentabilidade" não só dos seus recursos naturais, mas também a dos seus cidadãos, o que nos remete à análise da educação ambiental como um dos elementos da pós-modernidade.

2. Educação ambiental: exigência da condição pós-moderna

Para alguns teóricos latino-americanos, há uma certa cautela em se falar de pós-modernidade. Brunner considera que essa questão, entre nós, é uma nota de indicação bibliográfica ("una nota al margen") (Brunner e Gomariz, 1991, p. 71). Weffort radicaliza e escreve:

> Não creio na validade das teorias da pós-modemidade, para a Europa, muito menos para as Américas, sobretudo a Latina (Weffort, 1992, p. 43).

Para Buarque de Hollanda (1991), a dificuldade de se falar do assunto é devido a

---

Portugal mantém com o Brasil acordos de dupla nacionalidade, e o Japão facilita a entrada, para trabalhar, dos filhos e netos de japoneses.

o caráter altamente problemático da participação democrática e da multiplicação dos espaços públicos em sociedades até muito recentemente marcadas pelos Estados militares. Assim, além da associação usual com as posições conservadoras e "politicamente incorretas" que identificam o pós-moderno de forma direta com as ideologias do consumo e com as políticas neoliberais, em se tratando de países periféricos, esse debate adquire intensidade e gravidade particulares.

No entanto, o pós-modernismo consumista e neoliberal é apenas uma das suas tendências, infelizmente a mais difundida até o momento, razão pela qual se compreende o receio em abordá-lo, principalmente pelos teóricos da esquerda clássica, porém isto não justifica a recusa a considerá-lo presente na América Latina.

A tendência pós-moderna originada nos anos 1970 e na qual este trabalho se situa está relacionada com o discurso das responsabilidades humanas, o desenvolvimento sustentado e as teses sobre "o futuro comum", como afirma Gomariz (Brunner e Gomariz, 1991, p. 80).

Esse pensamento está ligado aos movimentos das chamadas "minorias ativas" por Moscovici (1979), que traduz as descrenças e o desencanto com a política tradicional, com a ciência clássica fundamentada no domínio da natureza, com os preconceitos raciais e sexuais, com as ideias herdadas do Iluminismo sobre a racionalidade e a da democracia representativa da Revolução Francesa.

No que diz respeito aos movimentos ecológicos, eles surgem fundamentados na crítica à modernidade, aos modelos de desenvolvimento capitalista e socialista, propondo a autogestão, o desarmamento, o pacifismo etc. Nas duas últimas décadas, esse pensamento se expandiu, dando origem a inúmeras tendências, não sendo mais privilégio de um grupo minoritário, e, muito antes do que se podia imaginar, tornou-se planetário.

Na América Latina, questões que alguns anos antes da Conferência Mundial de Meio Ambiente e Desenvolvimento (realizada no Rio de Janeiro) eram discutidas em pequenos e minúsculos grupos, situados à margem da política tradicional, são hoje incorporadas por grupos políticos muitas vezes antagônicos e inconciliáveis. Dessa forma, as representações sociais de meio ambiente e de desenvolvimento sustentado da população em geral, da *intelligentsia*, dos grupos políticos e econômicos são inúmeras e apresentam características bem diferentes entre elas.

As questões comuns a todos parecem ser: como realizar o desenvolvimento sustentado? Qual o papel da educação nesse tipo de desenvolvimento?

Nesse sentido, é interessante voltarmos ao editorial já citado do jornal *El Clarín*, intitulado "Educación y posmodernidad", onde se pode ler:

> na hora da modernidade, mesmo que se trate mais de uma tendência firme ou de um modo cômodo de designar um processo de mudança — que não mostra, todavia, seu rosto definitivo — o que chega a nossas praias é mais o aspecto de crise da globalidade e da racionalidade do que seu núcleo

de avanço até novas formas de organização industrial. Este é um risco que o sistema educativo deveria considerar, na medida exata dos propósitos de avançar até o Primeiro Mundo, e que só se poderá fazer com uma educação que se coadune com o desenvolvimento e com um desenvolvimento que se coadune com a educação.

Essa citação nos permite observar onde se situa o temor pela pós-modernidade, nos teóricos contrários ao neoliberalismo; por outro lado, a sugestão para que a Argentina chegue ao mesmo nível tecnológico do Primeiro Mundo é baseada na ideia de que este é o modelo ideal a seguir, o que, efetivamente, tem pouca coisa em comum com o desenvolvimento sustentado e com a educação ambiental.

Se está correto considerar a educação como base e não como fim do desenvolvimento sustentado, que tipo de educação deve ser então realizada?

Diante da complexidade dos problemas mundiais contemporâneos, o cidadão latino-americano deve receber uma educação que, como diz Serres (1990, 1991), enfatize a "mestiçagem".

Dessa forma a América Latina teria que operacionalizar, no processo educativo, o que ocorre fora dele há muito tempo. Ou seja, a mestiçagem de culturas, de conhecimentos de origens diversas, de estilos de vida diferentes dos padrões estabelecidos como os mais corretos. Serres (1990, p. 109) explicita de forma poética e alegórica como é o cidadão educado na pós-modernidade, que pode ser traduzida na ideia que muitos educadores do continente e fora dele desenvolvem, considerando que a educação deve ser praticada procurando *produzir* e não *transmitir* conhecimento.[4]

Esse processo educativo não hierarquiza o saber científico e o conhecimento popular e étnico, não separa razão e subjetividade, não quantifica o conhecimento aprendido, não separa a arte da ciência. Permite avanços, recuos e paradas, já que considera o pessoal e instransferível de cada um, independente do seu papel como aluno ou como professor.

A educação "mestiça" e pós-moderna coloca em xeque todo o sistema educativo fundamentado na produtividade e na transmissão de conteúdo científico baseado na ciência clássica. A instituição é pensada, segundo Maturana (in Cox, 1990, p. 173), como um

> espaço de ação e reflexão dos seus estudantes, de modo que estes nunca percam de vista, nem sua responsabilidade ética em relação à comunidade (país, nação) que torna possível sua existência, nem sua responsabilidade ecológica com respeito ao ambiente em que esta se dá.

A educação visando ao desenvolvimento sustentado se fundamenta principalmente nos aspectos socioéticos e não nos produtivos e econômicos, sendo que estes dois últimos são subordinados aos dois primeiros.

---

4. Para mais detalhes, ver especialmente: Miranda et al. (no prelo); Labra (1991, p. 169-82) e Horton (1990, p. 45-65).

Estaria a América Latina longe das possibilidades de realizar uma educação com essas características?

Minhas observações me levam a responder negativamente, considerando que a nossa formação cultural de mestiçagem já se manifesta, há muito tempo, nas artes plásticas, na música, na literatura e também na ciência e na educação.[5]

Em relação a este último item, ela ocorre nos inúmeros centros de formação que não obedecem à rígida burocratização e à hierarquização do conhecimento, assim como nos espaços buscados pelos profissionais adeptos dessa concepção educacional, nas instituições acadêmicas mais tradicionais, evidentemente correndo os riscos políticos, profissionais e afetivos que toda inovação provoca, já que ela traz implícita a ideia de "coinspiração" (Maturana, in Cox, 1990, p. 170) entre os diferentes e iguais atores do processo educativo.

Nessa busca de alternativas é que a educação latino-americana tem se baseado para fazer frente e possibilitar algumas respostas aos inúmeros problemas específicos a ela mesma, acrescidos dos problemas ambientais de extrema complexidade.

---

5. Alguns exemplos podem ser observados: nas artes plásticas, nos trabalhos da mexicana Frida Khalo e do brasileiro Hélio Oiticica; na música, principalmente no movimento tropicalista brasileiro (Caetano Veloso, Gilberto Gil, Torquato Neto e Tom Zé); na literatura, em Borges e nos autores do "realismo fantástico" (o belga-franco-argentino Cortázar, o colombiano García Márquez, o paraguaio Roa Bastos e o peruano Vargas Llosa; na ciência, nos trabalhos em biologia e epistemologia dos chilenos Francisco Varela e Humberto Maturana e na educação, em Paulo Freire.

3. A questão ambiental na América Latina

A chegada de Colombo há quinhentos anos no continente é um dos marcos iniciais da modernidade europeia, junto com a Renascença e a Reforma. São os fatos históricos que Hegel chama de inauguradores dos tempos novos ou tempos modernos.

A viagem de Colombo, embora seja considerada por muitos como uma aventura, é vista por outros como uma aposta feita na técnica, no conhecimento acumulado principalmente pela náutica e pela cartografia, e pela ideia das possibilidades de domínio da natureza pelo homem.

O encontro dos europeus com os índios coloca-os (europeus e índios) diante de diferentes perspectivas humanas: uma caracterizada pela técnica e a outra pela mitologia.

Esse encontro traz implícitas diferentes concepções de relação do homem com a natureza, e de religiosidade, baseada em crenças e culturas completamente diferentes.

Ainda hoje se verifica a dificuldade de compreender esse momento. Por que tanta discussão em torno dos quinhentos anos da América Latina? Por que tanta variedade semântica para caracterizar esse fato histórico? Trata-se de uma conquista? Um descobrimento? Uma invasão? Um encontro? Um confronto de dois mundos? Ou tudo isso ao mesmo tempo? (Stern, 1992, p. 1-34).

Sem entrar nesse debate, para essa análise partirei de uma posição bastante conhecida e de domínio público, ou seja, que os recursos naturais latino-americanos condicionaram o período de colonização do continente pelos espanhóis, portugueses, holandeses, franceses e ingleses. Estes deixaram como forte herança a ideia de desenvolvimento econômico baseado na monocultura agrícola e/ou na exploração, até o esgotamento ou extinção dos recursos naturais.

Por outro lado, desconsideraram, e essa é também uma pesada herança, toda a cultura e o direito à vida dos povos indígenas, iniciando um dos maiores genocídios da história, que ainda não terminou.

O modelo dos colonizadores permaneceu, mesmo após a independência política. Eles foram substituídos, principalmente a partir do início do século XX, pelos americanos, e as multinacionais, aliadas à elite cultural e econômica do continente.

O pensamento ambientalista latino-americano tem analisado essas questões e buscado alternativas. A problemática ambiental nos obriga a pensar na nossa história e cultura, assim como na nossa formação social, econômica e política.

Estamos impossibilitados de ter a ingênua e confortável perspectiva de pensarmos nos problemas ambientais, nos seus aspectos puramente biológicos. Desde os anos 1960, já se pensava na necessidade de se realizar um novo tipo de desenvolvimento.

Octávio Paz (1984, p. 250), nas suas aulas no Texas em 1969, dizia:

Esqueçamo-nos por um momento dos crimes e das burrices que foram cometidos em nome do desenvolvimento, da Rússia comunista à Índia socialista e da Argentina peronista ao Egito nasserista e vejamos o que acontece nos Estados Unidos e Europa Ocidental: a destruição do equilíbrio ecológico, a poluição dos espíritos e dos pulmões, as aglomerações e os miasmas nos subúrbios infernais, os estragos psíquicos na adolescência, o abandono dos velhos, a erosão da sensibilidade, a corrupção da imaginação, o aviltamento de eros, a acumulação do lixo, a explosão do ódio. Diante dessa visão como não retroceder e procurar outro modelo de desenvolvimento? Trata-se de uma tarefa urgente e que requer igualmente ciência e imaginação, honestidade e sensibilidade, uma tarefa sem precedentes, porque todos os modelos de desenvolvimento que conhecemos, venham do Oeste ou do Leste, levam ao desastre.

Nessa citação Paz antecipa o que os teóricos da ecologia política têm insistido, principalmente a partir dos anos 1970. Antecipa também o que Guattari (1989) chamaria de "ecosofia", ou seja, as três dimensões da ecologia: o meio ambiente, as relações sociais e a subjetividade. Antecipa, ainda, as ideias de ecodesenvolvimento, termo originado em 1972 na Conferência Mundial de Meio Ambiente Humano em Estocolmo e substituído pelo termo "desenvolvimento sustentado", após o Relatório Brundtland de 1987.

Um aspecto importante a ser discutido no pensamento de Paz é que ele propõe o retrocesso no desenvolvimento; porém, não se trata de retroceder, embora muitos ecologistas acreditem nessa possibilidade nostálgica, mas, sim, de avançar, buscando novas alternativas, em que desenvolvimento e ecologia não sejam ideias antagônicas.

O pensamento ambientalista mais original (em que podemos incluir Paz, embora sejam poucos os seus escritos sobre o tema) tem se perdido um pouco na banalização que a ecologia conheceu nos últimos anos. Ao mesmo tempo, houve grande crescimento quantitativo e qualitativo nos movimentos ecológicos, na América Latina, devido à realização da conferência do Rio de Janeiro, coincidindo com o cinquentenário da América Latina.

Esse crescimento pode ser visto como um exemplo que contraria a posição de autores franceses que escrevem que "em vinte anos a ecologia política e radical fracassou" (Alphandery, Bittoun e Dupont, 1992, p. 113). Ferry (1992) segue essa mesma linha de pensamento e atinge o grande público, já que teve o seu livro premiado e presente na lista dos dez mais vendidos, durante várias semanas na França, na Suíça e na Bélgica. Ele polemiza com Hans Jonas, Michel Serres, Félix Guattari, entre outros. Suas críticas são pertinentes, em relação à posição de Jonas em favor do totalitarismo stalinista, por considerá-lo mais ecológico, assim como a adesão à corrente metafísica, próxima dos movimentos *new age* dos textos de Serres, mas é espantoso que ele consiga ligar o pensamento de Guattari ao dos ecologistas nazistas da época de Hitler!

Félix Guattari é um dos autores fundamentais para os teóricos e militantes que na América Latina buscam saídas antiautoritárias, pacifistas, feministas e ecológicas, tendo influenciado com os seus textos e com a sua constante presença toda uma gama de intelectuais extremamente ativos, principalmente na Argentina e no Brasil.

Os ambientalistas latino-americanos, tendo que se posicionar frente a problemas extremamente complexos, como os que serão analisados no próximo item, embora pouco conhecidos e atuando na "periferia" dos grandes circuitos institucionalizados, têm dado, quando possível, uma importante contribuição ao pensamento e à ação planetários.

4. Principais problemas ambientais da América Latina

Muitos são os problemas ambientais na América Latina; no entanto é necessário limitar a nossa análise a alguns deles. Minha opção é enfocar aqueles que têm características regionais, ao mesmo tempo em que estão envolvidos no debate ambiental que se realiza no exterior, tendo em vista a sua abrangência internacional. Assim, abordarei três problemas ambientais que apresentam esses aspectos, a saber: a questão nuclear e a crise de energia, a metropolização e a Amazônia.

A questão nuclear e a crise de energia

O primeiro grande momento da era nuclear na América Latina está relacionado com Cuba, após a frustrada invasão desse país pelos Estados Unidos em 1961. Um avião-espia norte-americano, sobrevoando Cuba, descobre em 1962 a construção de bases de lançamento de mísseis de médio alcance, do mesmo tipo dos construídos pelos norte-americanos na Itália e Turquia. Três dias após essa primeira informação, os americanos descobrem também a existência de silos destinados a estocar armas nucleares soviéticas.

Apesar das negativas da União Soviética de tentar atacar os Estados Unidos, a partir de bases cubanas, alegando que as armas tinham um caráter defensivo, tendo em vista os ataques que Cuba recebia, as armas voltaram à URSS, depois de assinado um acordo entre Khruchtchev e Kennedy.

O primeiro confronto nuclear entre as então duas grandes potências foi evitado, porém ficou clara a sua real possibilidade de existência a partir da América Latina.

Após a crise de Cuba, os presidentes da Bolívia, Brasil, Chile, Equador e México anunciam em 1963 a intenção de assinar um acordo multilateral, impedindo a fabricação, a recepção, a estocagem ou as experiências com armas nucleares.

Em 1967, os países do continente assinaram o *Tratado de Tlatelolco*, no México, obrigando-se a utilizar a energia nuclear unicamente para fins pacíficos. Cuba foi o único país a não assinar o tratado como represália política às constantes pressões dos Estados Unidos. Países como França, Inglaterra, Holanda e Estados Unidos, que possuem colônias ou bases militares no continente, comprometeram-se a respeitar o acordo.

A partir dos anos 1970, no entanto, com o sistema político ditatorial, países como Argentina, Brasil e Chile disputam a hegemonia militar no continente.

Em 1979, a Argentina, onze anos após ter assinado o tratado, ainda não o tinha ratificado. O Brasil e o Chile o fizeram, porém acrescentando uma cláusula que considerava que o tratado só entraria em vigor se fosse ratificado por todos os países do continente.

Todo esse jogo diplomático esconde, na realidade, a busca de tecnologia que permita a construção das armas nucleares, principalmente pela Argentina e pelo Brasil.

O acordo que o Brasil assina com a Alemanha em 1975 para a construção de usinas nucleares em Angra dos Reis, situadas na região mais densamente povoada e industrializada do país, recebeu inúmeras críticas, principalmente dos Estados Unidos, pelas suas implicações militares e políticas, e de uma representativa parcela dos intelectuais críticos e militantes ecologistas brasileiros que, sob forte censura imposta pelo regime, consideravam a energia nuclear desnecessária em face das outras possibilidades energéticas do país.

Hoje se sabe que o Brasil tem condições técnicas de produção de armas nucleares, principalmente no centro de pesquisa de Marinha, situado em Aramar, a aproximadamente cem quilômetros de São Paulo.

Se a crise de energia foi o argumento divulgado pelos militares brasileiros para optarem pela energia nuclear, o mesmo argumento foi usado para a construção da Usina Hidroelétrica de Itaipu pelo Brasil e Paraguai, criando sérios problemas ambientais, econômicos e geopolíticos, envolvendo ainda a Argentina e o Uruguai.

O Brasil, vivendo a sua fase de glória do período conhecido como "milagre brasileiro", busca se distanciar dos outros países do continente como potência emergente. Todos os seus projetos que afetam drasticamente o meio ambiente são considerados prioritários, e a preocupação com o meio ambiente é considerada pelos militares e tecnocratas um luxo de países ricos, além de um atentado à segurança nacional.

Para o Paraguai, a construção da usina implicava ao mesmo tempo entregar-se ao Brasil no plano político, porém lucrando com a venda (ao Brasil) do excesso de energia que produz e não consome.

A bacia do Prata, para a Argentina e o Uruguai, interessa muito mais como meio de navegação do que como fonte de energia; assim, a construção da usina prejudicaria essa importante atividade para os dois países, além de solidificar o poderio geopolítico brasileiro em detrimento da Argentina.

Este é o esboço da crise militar-ambiental do cone sul do continente a partir dos anos 1970. Embora estivessem no poder, em todos os países envolvidos, governos militares, as disputas se concluíram pacificamente, não sem deixar graves problemas ecológicos e sociais na região, nas grandes cidades e na Amazônia, para onde migrou grande parte dos camponeses que tiveram que vender as suas terras.

Metropolização

Numa passagem anterior deste texto, enfoquei as características da modernidade citadas por Habermas. Entre elas, este autor considera "as formas de vida urbana".

Assim, poderíamos afirmar, com base nos dados da ONU indicativos da grande urbanização do continente, que este aspecto da modernidade está presente; no entanto, precisamos verificar com mais precisão o que esses dados representam para a qualidade de vida da população.

País	Total da população	Pop. urbana
Brasil	136 milhões	99 milhões
México	79 milhões	55 milhões
Colômbia	9 milhões	19 milhões
Peru	20 milhões	13 milhões
Venezuela	18 milhões	16 milhões

Dados da ONU, citados por Dogan e Kasarda (1988, p. 26).

Grandes cidades como Buenos Aires, México, Rio de Janeiro e São Paulo, tiveram na industrialização do início do século um dos principais fatores do seu espetacular crescimento.

A industrialização do Rio de Janeiro, até os anos 1930, contava com um forte componente familiar, quase artesanal, como oficinas e pequenas empresas de alimentos, construção, calçados, mobiliário, metalurgia etc. com baixa concentração de capital e de operários, tendo sido substituída pela industrialização de grande porte.

O processo de industrialização de São Paulo teve essas mesmas características no seu início; como consequência, o crescimento de sua população atingiu taxas de 5% ao ano.

Segundo Morse (1990, p. 133), São Paulo e Manchester, a cidade inglesa berço da Revolução Industrial, são cidades que apresentam as mesmas características com um século de diferença. O desenvolvimento industrial não se fez acompanhar de melhorias na remuneração, nas condições de trabalho ou no nível de vida do operariado (inclusive feminino e infantil) e trouxe consigo os problemas da poluição em geral, assim como o êxodo rural ocasionado pelas crises na agricultura. Com isso a qualidade de vida da população atinge níveis catastróficos.

A população urbana latino-americana, em 1985, vivia situações que estão longe de ser uma característica da modernidade. Vejamos alguns dados. Nessa data, não tinham nenhum acesso à água potável 25% da população, ou seja, 65 milhões de pessoas. A projeção para os anos 1990 é que de 15 a 31% terão acesso indireto (Stern, White e Whitney, 1992, p. 213).

Em países como Bolívia, Honduras, Guatemala, El Salvador e Peru, menos de 60% da população dispunha, nos anos 1980, de água potável e de serviços de saúde (Isuani, 1992, p. 109).

Embora muitas cidades latino-americanas apresentem características semelhantes, São Paulo e México chamam mais atenção, devido a suas enormes proporções e tendências de crescimento.

Estudos da ONU apontam que estas serão as duas maiores cidades do mundo, no início do próximo século. São Paulo, devendo atingir os 24 milhões de habitantes e a cidade do México, 26,3 milhões (Dogan e Kasarda, 1988, p. 17), e que os problemas ambientais que já conhecemos tendem a aumentar. Não se trata de nenhum exercício de futurologia, ou trama de ficção científica, ou, ainda, de samba-enredo imaginar que no próximo século os aproximadamente 500 quilômetros que separam São Paulo do Rio de Janeiro (a população prevista para o ano 2000, segundo o mesmo estudo, é de 13,3 milhões de pessoas) se tornem uma única cidade, com indústrias altamente poluidoras e baixo nível na qualidade de vida das pessoas.

Na cidade do México, atualmente 70% das crianças apresentam ao nascer níveis de chumbo que excedem os considerados perigosos pelas Nações Unidas (Guimarães, in Leis, 1991, p. 49).

Essas cidades apresentam em comum os mesmos problemas de transportes urbanos, a degradação do meio ambiente natural, a poluição do ar, a contaminação da água, a falta de moradia, insuficientes centros de saúde pública, crescente desemprego, grande quantidade de crianças abandonadas à própria sorte e outras que não vão à escola para poderem trabalhar em todo tipo de atividades econômicas "informais".

Nesse contexto, a vida urbana, como fator de modernidade, nos leva a pensar e a questionar se na América Latina esses dois elementos se caracterizam por si só.

Amazônia

Os meios de comunicação nos últimos anos, após o assassinato do sindicalista Chico Mendes, se encarregaram de divulgar o problema da Amazônia em todo o mundo, provocando um verdadeiro frenesi sobre o tema que, no entanto, em 1988 já atingia a sua maioridade, ou seja, se "comemorava", se assim se pode falar, os dezoito anos do início da construção da rodovia Transamazônica.

Não só os meios de comunicação analisaram exaustivamente a questão, como também os meios acadêmicos e artísticos.

As ONGs de todo o mundo também se manifestaram com estudos a respeito, os músicos *pop* fizeram concertos, muitos livros e camisetas foram vendidos (para citar apenas essas mercadorias culturais) tendo a Amazônia como tema. Diante desse quadro, poderíamos considerar que a quantidade de conhecimento acumulado e a mobilização planetária são capazes de resolver o problema, se não a curto, pelo menos a médio prazo.

Assim seria quase desnecessário e impossível acrescentar algo de novo a essa reflexão; no entanto, prefiro correr o risco da repetição que o da negligência.

Embora a maior parte da floresta amazônica esteja situada em território brasileiro, ela não é "propriedade" única do Brasil, sendo também da Bolívia, Colômbia, Guiana, Guiana Francesa, Peru, Suriname e Venezuela; cada um desses países apresenta os seus problemas particulares, tais como: plantação de cocaína, exploração de ouro, reivindicações das comunidades indígenas, disputas de territórios, interesses econômicos das grandes potências etc.

A ocupação da Amazônia brasileira precisa ser analisada dentro do contexto da ideologia de segurança nacional empregada pelos militares, principalmente os de linha mais radical que se apoderaram do poder com o contragolpe de 1968.

Em 1970, a resistência armada ao regime estava praticamente controlada, o Brasil iniciava o seu projeto de crescimento (o "milagre econômico"), a Rede Globo de Televisão iniciava o seu império, conquistando milhões de telespectadores com as suas novelas e divulgando a ideologia dominante,[6] o Brasil ganhava o tricampeonato mundial de futebol, Emerson Fittipaldi brilhava nas pistas de Fórmula 1, e os inúmeros adeptos do regime colavam nos seus carros o adesivo nacionalista *Brasil: ame-o ou deixe-o*.

Com essa euforia, era necessário conquistar o vazio verde, ou seja, a Amazônia, para garantir a integridade do território nacional e as riquezas da "potência emergente". Nada mais simbólico, então, do que iniciar cons-

---

6. Sobre a relação TV Globo, militares, novelas e ideologia, ver Vink (1988).

truindo uma estrada, mito de integração e progresso amplamente presente no imaginário brasileiro.

A Transamazônica, que parte de lugar algum para chegar a nenhum lugar, é hoje o triste reflexo dessa euforia. Ainda dentro desse imaginário, os índios são vistos como "preguiçosos", "selvagens", "freios do progresso", sendo necessário, portanto, ocupar a Amazônia com os desbravadores e pioneiros, agricultores e pecuaristas do Sul do país.

E a história se repete... Os pequenos agricultores do Sul, principalmente os do Paraná, vendem as suas terras aos grandes latifundiários que investirão na plantação de soja, em substituição ao café, ou são desapropriadas pelo Estado, para a complementação da usina de Itaipu.

Os agricultores que partem para a Amazônia contam com os subsídios do governo e com o mesmo espírito desbravador que caracteriza o desenvolvimento do interior do Sul do país: derrubar árvores e conquistar a posse da terra (e da natureza), nem que para isso seja necessário matar alguns seringueiros e índios e exterminar culturas inteiras que vivem nas áreas mais cobiçadas. Só neste século desapareceram noventa tribos na Amazônia (CADMA, 1992).

Poderíamos ficar só nos aspectos nacional e latino-americano, se eles fossem apenas dessa envergadura. A partir principalmente dos anos 1970, a presença de interesses estrangeiros na Amazônia é considerável. Vejamos alguns dados, citados por Mires (1990, p. 123).

A Volkswagen é proprietária de uma fazenda de gado de 22.400 hectares, a Liquigás, companhia italiana, possui uma fazenda de 560.000 hectares. A companhia de computadores Nixdorf adquiriu, mediante meios jurídicos e pressões aos camponeses, territórios que eram propriedade de 240 famílias. No Projeto Carajás, o Banco Alemão participa com 200 milhões de dólares e a Comunidade Econômica Europeia com mais de 600 milhões de dólares.

Apesar do grande interesse de todo o mundo pela Amazônia, a população da região parece estar pouco preocupada com a ecologia. Numa recente pesquisa, realizada em diferentes regiões do país, os cidadãos dessa área são os que menos se destacam em relação ao tema (MAST/CNPq, 1992, p. 5).

A *intelligentsia* do continente reunida para pensar neste problema propõe alternativas pouco realizáveis, como o

> imposto de um dólar por barril de petróleo consumido contribuirá para a conservação e o desenvolvimento sustentável na Amazônia, dentro de um conceito de preservação ambiental global (CADMA, 1992, p. 17).

Diante da complexidade do problema, do desinteresse da população e de proposta da *intelligentsia*, como a indicada, parece-me que a questão da Amazônia está distante da sua solução.

Conclusão

Esse quadro ao mesmo tempo impressionista e surrealista da educação e do meio ambiente latino-americano exige que a educação ambiental enfrente o desafio da mudança de mentalidade sobre as ideias de modelo de desenvolvimento, baseado na acumulação econômica, no autoritarismo político, no saque aos recursos naturais, no desprezo às culturas de grupos minoritários e aos direitos fundamentais do homem.

Tenho trabalhado com a ideia de que a educação ambiental é uma educação política, fundamentada em uma filosofia política, da ciência e da educação antitotalitária, pacifista e mesmo utópica, no sentido de exigir e chegar aos princípios básicos de justiça social, buscando uma "nova aliança" (Prigogine e Stengers) com a natureza através de práticas pedagógicas dialógicas.

Nesse sentido, a democracia é condição e meta fundamental, que permite a todos proporem alternativas e soluções. A educação ambiental como educação política está empenhada na formação do cidadão nacional, continental e planetário, baseando-se no diálogo de culturas e de conhecimento entre povos, gerações e gêneros.

Por outro lado, ela deve ser realizada onde forem possíveis espaços de "coinspiração" (Maturana), no seu duplo sentido de conspiração contra as ideias estabelecidas e de coinspiração na criação de novas possibilidades de ação dos cidadãos. A educação ambiental não deve se preocupar em transmitir conhecimentos, mas, sim, produzir conhecimentos, considerando que não aprendemos do outro, mas *com* o outro, criando com ele (Stengers, 1992, p. 12).

A dificuldade em realizá-la com essas características é, no entanto, muito grande. Numa situação educacional em que milhares de crianças não vão à escola (barbárie), em que muitas delas não concluem a educação mínima obrigatória (pré-modernidade), em que uma grande parcela da elite cultural é formada segundo ideias liberais (modernidade), como realizar uma educação criativa, política e ambiental local e planetária (pós-modernidade)? Considerando-se que nesse contexto ocorre o genocídio dos índios e assassinato dos opositores (barbárie), que um elemento básico como água potável é um privilégio (pré-modernidade), onde as grandes metrópoles estão hipersaturadas (modernidade) e a era nuclear está presente (pós-modernidade)?

Se a condição política necessária, ou seja, a democracia, embora frágil, desperdiçada e vivendo sobressaltos de tempos em tempos, pode ser considerada presente em vários países do continente, a condição econômica está longe de ser resolvida na grande maioria deles.

Caracterizada principalmente pela enorme dívida externa do continente, que vem sendo pensada, discutida e *paga* de diferentes maneiras há muitos anos, restam poucas possibilidades de investimento real em educação e meio ambiente.

As soluções até agora propostas de troca da dívida externa por projetos ambientais toca em temas sagrados, tanto do pensamento político clássico de direita quanto do de esquerda, tais como: hegemonia, segurança nacional, ingerência nos assuntos internos, imperialismo, colonialismo etc. A proposta de auditoria internacional foi apresentada na conferência do Rio de Janeiro pelos movimentos sociais e ecológicos que assinaram o *Trata-*

do dos Povos da América, porém com pouca repercussão até o momento.

Uma posição próxima dessa é manifestada pelos "formadores de opinião" da sociedade brasileira, que consideram que

parte da dívida externa brasileira é ilegítima e aceitar a conversão em recursos para projetos ambientais seria reconhecê-la perante os credores internacionais (MAST/CNPq, 1992, p. 6).

Assim, aumenta o desafio para a educação ambiental de formar cidadãos que possam participar da tomada de decisões sobre assuntos que dizem respeito a grupos sociais e étnicos muito diferentes, geralmente controlados por grupos que dominam a economia e a política, com interesses muito mais homogêneos.

III

Meio ambiente: representação social e prática pedagógica*

1. Representação e representação social[1]

Nas ciências sociais, o estudo das representações sociais remonta ao século passado, tendo como um de seus marcos fundamentais o trabalho desenvolvido por Émile Durkheim. Esse autor, considerado um dos fundadores da Sociologia, procurou discutir a importância das representações dentro de uma coletividade e como elas influem nas decisões que os seres humanos tomam individualmente.

---

* Esta pesquisa não teria sido possível sem a contribuição e a amizade dos meus "alunos" de Guarapuava, das minhas colegas Roseli Pacheco, Rosália Aragão e Irene Raquel. Thales Haddad colaborou na análise de dados e nas versões preliminares do texto e o CNPq a financiou.

1. O item "Representação e representação social" foi redigido basicamente por Thales Haddad e revisto por mim. A sua versão final é de minha responsabilidade.

Em um dos seus trabalhos mais conhecidos, *O suicídio*, de 1897, Durkheim se propõe a examinar um fenômeno que ao menos aparentemente se processa em nível estritamente individual, qual seja, o suicídio.

Através de pesquisa rigorosa, dispondo de numerosos dados estatísticos que lhe permitiram estabelecer uma tipologia de diferentes formas de manifestação do fenômeno, Durkheim elabora uma explicação geral do problema.

O essencial desse estudo pode ser descrito da seguinte maneira: o suicídio é um fenômeno individual, mas que tem por causas forças que emanam da coletividade. Ele aponta para a existência de "correntes suicidógenas" (ou representações) que perpassam as sociedades modernas e seriam as causas fundamentais do fenômeno.

Obviamente o suicida disporia de uma predisposição psicológica para cometer esse ato, mas ela também, em última instância, é originada das representações. Segundo Durkeim, nada ou quase nada escapa das configurações sociais, ou seja, as sociedades agem sobre seus indivíduos independentemente da vontade destes.

As representações individuais não podem ser ampliadas para a coletividade, mas, sim, o contrário. O indivíduo equivale à instância simples a partir da qual o complexo (a coletividade) não pode ser deduzido.

Seguindo esse raciocínio, um estado patológico da civilização moderna seria o principal responsável pela presença de um desequilíbrio nos homens contemporâneos que, vulneráveis, porque isolados, se encontram à mercê de tendências destruidoras, originadas socialmente.

As sociedades modernas, calcadas no individualismo, devem se integrar por meio de crenças e pensamentos comuns (representações) que produzem uma solidariedade orgânica, imprescindível para a construção de uma estabilidade entre os indivíduos e sua coletividade.

Essa questão se encontra melhor formulada no livro *Divisão social do trabalho*, de 1893, onde Durkheim alude que o tão desejado equilíbrio entre indivíduo e grupo deve ser alcançado mediante a organização corporativa, o que melhor proveria a inserção saudável dos homens no seu meio social.

Outra questão que mereceu a atenção desse autor, e que entendemos ser fundamental para a conceituação das representações, refere-se à distinção entre essas representações e os conceitos científicos.

Enquanto os conceitos científicos tendem à generalidade e ao rigor, as representações coletivas se associam a um tipo de conhecimento que, podendo eventualmente possuir um aspecto de cientificidade, se pauta pela compreensão descompromissada do real, situando-se fora de um padrão inflexível de formulação do saber.

Posteriormente a Durkheim, nas décadas de 1920 e 1930, surgiu um grupo de cientistas sociais que inaugurou a disciplina Sociologia do Conhecimento; entre eles estão: Bachelard, Lukács e Mannheim.

Mannheim é considerado como um dos seus expoentes principais, e no início de sua obra *Ideologia e utopia* (1986, p. 15) ele explicita os fundamentos que mais nos interessam aqui:

A principal tese da sociologia do conhecimento é que existem modos de pensamento que não podem ser compreendidos adequadamente, enquanto se mantiverem obscuras suas origens sociais. Realmente, é verdade que só o indivíduo é capaz de pensar.

Não há entidade metafísica alguma tal como a mente de um grupo que pense acima das cabeças dos indivíduos, ou cujas ideias o indivíduo meramente reproduza. Não obstante, seria falso daí deduzir que todas as ideias e sentimentos que motivam o indivíduo tenham origem apenas nele, e que possam ser adequadamente explicados tomando-se unicamente por base sua experiência de vida.

As representações, ou modos de pensar, atravessam a sociedade exteriormente aos indivíduos isolados e formam um complexo de ideias e motivações que se apresentam a eles já consolidados.

Até esse ponto tem-se a impressão de que as concepções de representações em Mannheim (apesar de ele não utilizar esse termo) coincidem com as de Durkheim, pois a tarefa primordial a que se propõe Mannheim é saber as origens sociais do conhecimento. Ou seja, toda forma de pensar se insere em uma situação histórico-social concreta e deve ser compreendida sempre tendo-se em vista sua configuração coletiva específica. A diferença fundamental consiste em que a Sociologia do Conhecimento se situa dentro do paradigma da contradição, marcado pelo materialismo histórico, enquanto o pensamento de Durkheim se orienta para o consenso, uma busca de equilíbrio que se processa também através de representações.

Outra característica importante da Sociologia do Conhecimento, conflitual, que a distingue do paradigma consensual de Durkheim se refere à estreita vinculação das representações com determinados grupos de indivíduos dentro de cada sociedade.

Elas não perpassam simplesmente a coletividade, não estão presentes de forma "solta", mas sempre se constituem em expressões socioculturais específicas, elementos de estilos peculiares de pensamento.

É imprescindível não separar os modos de pensamento concretamente existentes do contexto de ação coletiva, por meio do qual, em um sentido intelectual, descobrimos inicialmente o mundo.

Durkheim se recusa a realizar tal vinculação considerando que o materialismo histórico, ao conceber a ligação entre realidade material e representações, reduz essas últimas e epifenômenos de base estrutural da sociedade, obscurecendo a sua importância.

Contemporaneamente, o primeiro cientista social a utilizar o conceito de representação foi Serge Moscovici. Em 1961, ele publicou na França *La Psychanalise: Son image et son publique* (publicado no Brasil em 1978, pela Zahar, com o título *A representação social da Psicanálise*). Moscovici, nesse livro, se utiliza da psicanálise como um objeto de investigação, considerando que ela se presta a demonstrar a constituição e função das representações sociais.

As representações, a partir de Moscovici, recebem o adjetivo "sociais" e não mais "coletivas", como as definiu Durkheim.

O caráter social das representações transparece, segundo Moscovici, na função específica que elas desempenham na sociedade, qual seja, a de contribuir para os processos de formação de condutas e de orientação das comunicações sociais.

Assim, as representações sociais equivalem a um conjunto de princípios construídos interativamente e compartilhados por diferentes grupos que através delas compreendem e transformam sua realidade.

Baseados nas reflexões de Serge Moscovici, vários autores dão impulso ao conceito, caracterizando a Psicologia Social europeia das últimas décadas. Em 1976, foi publicada a segunda edição francesa do livro, provocando um novo interesse pelas representações sociais, não só por parte dos psicólogos, mas por parte de estudiosos das diferentes áreas das ciências.

Nos anos 1980, o conceito se solidifica, passando a ser referência quase obrigatória nos estudos sobre os temas contemporâneos.

2. As representações sociais de meio ambiente

Até o momento, são poucos os trabalhos no Brasil fundamentados nas representações sociais, apesar do grande interesse que tem despertado principalmente na nova geração de pesquisadores.

No que diz respeito a esse conceito em relação ao meio ambiente, no final dos anos 1980 começaram a aparecer nas revistas especializadas artigos sobre o tema, e simpósios internacionais têm sido realizados.

Neste sentido, os textos de Reigota, que fundamentam este trabalho, se incluem nessa corrente, influenciando outras pesquisas.

A hipótese central é de que a partir das representações sociais de meio ambiente dos professores, podemos caracterizar suas práticas pedagógicas cotidianas relacionadas com este tema.

Embora as representações apresentem um componente científico, devido à formação acadêmica dos professores, elas se destacam também por apresentarem clichês e uma boa dose de senso comum.

Procurando entender melhor essa relação (representações e práticas pedagógicas cotidianas), foi realizada uma pesquisa com 23 pessoas inscritas no Programa de Pós-Graduação (Especialização) em Educação Ambiental da Universidade do Centro-Oeste do Paraná — Guarapuava. Esse grupo era constituído na sua maioria por professores de primeiro e segundo graus em Ciências e Biologia, contando, também, com professores de Matemática, Química e Educação Física, além de um agrônomo e um bioquímico.

Dois professores ensinam no estado de São Paulo, um no estado de Mato Grosso e o restante no estado do Paraná. Na sua grande maioria, todos são professores da rede pública de ensino.

3. Contexto da pesquisa

Em julho de 1991, ministrei na Faculdade de Filosofia, Ciências e Letras de Guarapuava a disciplina Fundamentos e Tendências da Educação Ambiental. O objetivo principal do curso era capacitar teoricamente os professores para atividades de educação ambiental dentro da problemática regional.

Assim, essa disciplina tinha um enfoque teórico e procurava enfatizar a educação ambiental como educação política dos cidadãos (Reigota, 1987, 1990, 1991, 1994) e a análise das práticas pedagógicas cotidianas.

Durante as aulas, como exercício de reflexão, os alunos respondiam a questionários com uma ou mais questões, que depois eram lidas, discutidas por eles (entre eles e eu), procurando classificar as respostas dentro das categorias estabelecidas por Reigota (1990).

Esses questionários tinham objetivos pedagógicos e científicos. O objetivo pedagógico era registrar as representações e as práticas pedagógicas de cada um por escrito e depois compará-las com as dos colegas, procurando identificar os pontos comuns, as dificuldades comuns e as possibilidades de superação qualitativa de umas e outras.

Por outro lado, procurava enfatizar a diversidade existente em um pequeno grupo, e o exercício do diálogo, da crítica e da autocrítica como prática constante e intimamente ligada ao ensino.

O objetivo científico era coletar dados para uma análise mais detalhada no quadro de uma pesquisa.

Os questionários, que se tornaram uma constante, incluíam questões, tais como: 1) Qual é a sua definição pessoal de meio ambiente? 2) O que você entende por educação ambiental? 3) Relate uma prática pedagógica que você realizou e que você considera como sendo uma prática de educação ambiental. 4) Procure relatar a opinião das seguintes pessoas (alunos, pais dos alunos, direção da escola, professores, membros da comunidade) em relação à prática pedagógica que você citou acima. 5) Faça uma autocrítica da sua prática pedagógica, procurando enfatizar o que você gostaria de ter feito e não pôde fazer.

4. Metodologia de análise

Tendo acesso às respostas por escrito, a sua leitura e discussão em sala de aula possibilitavam um intercâmbio de informações, além de um aprofundamento sobre o que não estava escrito, possibilitando o diálogo a que nos referimos no item anterior.

A análise do material, na Unicamp, foi feita pela técnica de análise de conteúdo, que consiste em uma busca do sentido contido nos conteúdos de diversas formas de textos, de maneira a permitir compreender o acesso à informação de certos grupos e a forma como esses grupos a elaboram e transmitem.

Em diversos momentos do trabalho de análise nos defrontamos com impasses gerados pelo movimento peculiar de constituição das representações que, por não disporem do mesmo grau de rigor dos conceitos científicos, se mostram explicitamente em determinadas passagens e se perdem em outros momentos, podendo mesmo apontar contradições dentro de um único conjunto de respostas.

Devido a essas limitações, apropriamo-nos de procedimentos da análise de conteúdo que se prestam a identificar em um texto termos-chave que depreendem um conjunto de significados ligados a certas categorias determinadas previamente.

5. Análise dos dados

No momento em que se pede para o professor fornecer sua definição pessoal de meio ambiente, logo se percebe uma unidade dentro do grupo. Quase todos possuem uma representação que iremos denominar "naturalista". Ou seja, a definição de meio ambiente pode ser considerada sinônimo de natureza. Dentro dessa concepção naturalista, podemos identificar uma divisão em dois grupos.

Cerca da metade dos professores representa o meio ambiente de maneira espacial, ou seja, ele corresponderia ao "lugar onde os seres vivos habitam". O outro subgrupo, por sua vez, divide uma concepção de meio ambiente enquanto "elementos circundantes" (elementos bióticos e abióticos) ao homem, aqui entendido no seu aspecto biológico.

Quando denominamos "naturalistas" as representações sociais desse grupo consideramos que os elementos daquilo que alguns autores denominam como primeira natureza (ou natureza intocada) têm importância muito maior.

A ideia de uma segunda natureza (natureza transformada pela ação humana) aparece com maior dificuldade. Para se compreender melhor o caráter naturalista das representações dos professores, basta verificar que em apenas duas oportunidades encontramos citado como elemento constitutivo do meio ambiente o ser humano enquanto ser social, vivendo em comunidades.

Em diversas passagens, o homem é enquadrado como "a nota dissonante" do meio ambiente, ou seja, o componente depredador por excelência. Os elementos citados com maior incidência são os abióticos (água, ar, solo) e os bióticos, denominados genericamente como seres vivos.

Porém, é interessante observar que os professores reconhecem a interdependência entre esses elementos (lembramos que a maior parte dos professores tem formação em Ciências e Biologia; assim poderíamos identificar aqui o componente "científico" das representações). Os professores não constroem hierarquias entre esses elementos demonstrando sempre sensibilidade ecológica (no sentido biológico do termo).

A isso se acrescenta que, consideram os resultados advindos dessa interdependência se dividem entre o "equilíbrio ecológico", ideia cara aos ecologistas e de domínio público e "a sobrevivência do homem", o que implica que no final é o homem que está ameaçado e não os elementos bióticos e abióticos componentes do meio ambiente, citados quase automaticamente. As duas ideias, "o equilíbrio ecológico" e "a sobrevivência do homem", estão inter-relacionadas, apesar de a segunda ser impregnada do antropocentrismo inexistente na primeira. A frase de um professor que participou desse trabalho de pesquisa é significativa nesse sentido:

> Qualquer desarmonia existente entre os elementos constituintes do meio ambiente acarreta danos imensos a todos os seres vivos integrantes do planeta.

Parece ser difícil para esses professores, nesse momento, passar da compreensão em termos de "harmonia" ou "desarmonia" ecológica para uma percepção mais abrangente do significado de meio ambiente para a existência humana.

Entre esses profissionais, aparece uma definição mais abrangente de uma professora com formação em Pedagogia (voltamos a lembrar que a grande maioria tem formação em Ciências e Biologia). Para ela o meio ambiente é

> a relação entre os elementos físicos, políticos, sociais e culturais que proporcionam condições saudáveis ou não de vida.

A compreensão do meio ambiente, enquanto interação complexa de configurações sociais, biofísicas, políticas, filosóficas e culturais parece distante de grande parte dos professores, visto a impossibilidade de estes incorporarem espontaneamente questões que perfazem a totalidade da problemática.

A abrangência de seus conhecimentos profissionais e pessoais não era, naquele momento, suficiente para reconhecer no meio ambiente um conteúdo existencial e conceitual multifacetado.

No que concerne às suas representações sobre a educação ambiental, parece-nos não existir um grande hiato com as suas representações de meio ambiente.

Ao se pedir para os professores definirem o que entendem por educação ambiental, eles se dividem em dois grandes grupos: os que associam educação ambiental a uma disciplina específica, e outros que a percebem como um projeto pedagógico conscientizador.

A primeira representação se explicita em depoimentos como:

> é o estudo do meio em que vivemos, as relações existentes entre os elementos que compõem esse meio.

A representação "conscientizadora" aparece em diversas oportunidades, conferindo à educação ambiental a tarefa de introjetar nos indivíduos, indistintamente, a consciência que possibilite a preservação do meio ambiente, entendido como a preservação da natureza.

Um dos professores assim se expressa:

> Educação ambiental é aquela onde devemos conscientizar os nossos alunos e a comunidade da importância que tem a natureza, para dar continuidade à vida no nosso planeta.

A inserção da comunidade dentro do projeto conscientizador, como aparece nesse trecho reproduzido anteriormente, é um dos dados mais significativos que foram evidenciados no decorrer da análise, parecendo demonstrar a iniciativa de incorporar outras pessoas, que não só os alunos, na questão ambiental.

Porém, o reconhecimento da responsabilidade dos setores da comunidade, nesse caso, reproduz um quadro de exterioridade, ou seja, toda ação visa à preservação da natureza.

Um dos professores tem uma posição mais abrangente em relação à educação ambiental, já que para ele trata-se de

> um processo formal (por exemplo, em escolas, cursos, congressos) ou informal (movimentos ecológicos, notícias e textos publicados na mídia) que procura orientar as pessoas a tomarem atitudes que não sejam agressoras ao meio e, um pouco mais adiante, que façam com que ela perceba a necessidade de uma postura ativa no processo de recuperação do que já foi degradado.

A distinção entre os dois grupos perde a nitidez no instante em que se avalia a forma como as práticas pedagógicas cotidianas são realizadas.

Coerentes com as representações sociais de meio ambiente e de educação ambiental, os professores de forma geral descrevem atividades que, embora apresentando variações de conteúdo e metodologia, se inserem dentro de um tipo de educação ambiental preservacionista.

Os conteúdos abordados pela maioria se relacionam com a conservação vegetal, identificação de espécies de árvores, reflorestamento etc. Poucas práticas pedagógicas transcendem a preocupação naturalista. Diferentes destas, podemos citar a prática voltada à coleta seletiva de lixo hospitalar. Nela o professor se propôs a relacionar a reciclagem com questões de saúde pública, ambientais e sociais.

Outras práticas originais e reconhecidas pelos próprios professores como sendo de educação ambiental são as que procuram prevenir os adolescentes contra as drogas e o alcoolismo e as que procuram desenvolver junto aos alunos e suas mães receitas de alimentação barata, saborosa, aproveitando os alimentos normalmente desperdiçados por falta de conhecimentos, hábitos e costumes.

É importante lembrar que essas duas práticas estão intimamente ligadas aos contextos cultural e pessoal dos professores.

A prática relacionada com drogas e alcoolismo é exercida por um professor formado em Educação Física, com atividades junto à Associação de Alcoólicos Anônimos de sua cidade, sendo que ele escreve também sobre esse tema no jornal local. A relacionada com o aproveitamento de alimentos é relatada por uma professora, filha de agricultores imigrantes japoneses. A sua herança cultural confrontada com a abundância, o desperdício e a falta de alimentos ao mesmo tempo levou-a a desenvolver uma prática pedagógica de educação ambiental extremamente importante.

Em relação à metodologia, no entanto, mesmo essas últimas práticas não apresentam elementos que as diferenciam das formas tradicionais de transmissão de conteúdo. Variam entre aulas expositivas (as mais frequentes), utilização de artigos de jornais e revistas, palestras de especialistas, *slides* etc.

Também nas atividades de campo, ou seja, fora das salas de aula, as dinâmicas pautavam pela transmissão de conteúdos pelo professor aos seus alunos.

A partir dos questionários torna-se difícil avaliar a percepção dos alunos e da comunidade escolar e extraescolar em torno das práticas pedagógicas citadas como sendo de educação ambiental. Seja porque nos questionários eles não dispõem de fala direta (a impressão fica a cargo dos professores), seja pelo pouco detalhamento das respostas escritas.

Em relação à autocrítica dessas práticas, percebemos duas correntes principais: uma, majoritária, vai no sentido de buscar melhores condições estruturais (ou financeiras) com o objetivo de dar sequência às atividades iniciadas; e outra, mais fluida, tem consciência da necessidade de se atentar para uma melhor sistematização dos conteúdos e um aprimoramento da metodologia.

A participação de outros professores também é citada, porém com pouca incidência nas respostas escritas. Um professor escreve:

> gostaria de trabalhar com os colegas de Português. Os alunos aproveitariam muito.

Outro escreve:

gostaria de ter acesso a mais material pedagógico para ilustrar o assunto... prender mais a atenção dos alunos. Gostaria de ter mais tempo ou um tempo disponível para estudar mais, aprofundar os assuntos que trabalho e que estão no currículo.

Por intermédio das respostas dadas às nossas perguntas, poderíamos considerar que os professores, em geral, sentem-se realizados nas atividades que exerceram até então, mas que de uma certa maneira se ressentem por não disporem de condições estruturais apropriadas.

Na discussão em classe dessas respostas, observamos que os professores sentem que perturbam o sistema escolar, quando propõem atividades inovadoras, provocando mesmo difíceis situações pessoais e profissionais.

Os que têm uma prática mais conservacionista contam com a simpatia da hierarquia educacional, desde que não coloquem em xeque o *status quo* existente nas suas respectivas comunidades.

Interessante foi observar o apoio que dois professores recebem das autoridades locais de sua pequena cidade para desenvolverem projetos comunitários de reciclagem de lixo.

Porém, esse apoio deve ser entendido dentro do seu contexto político. Trata-se de uma cidade agrícola, administrada por um prefeito do Partido dos Trabalhadores.

Um exercício para verificar como os professores se autorrepresentam no seu contexto social foi feito a partir da leitura em grupo da entrevista de Serge Moscovici ao jornal francês *Le Monde* (1989), onde ele explicita o papel das "minorias ativas".

Para Moscovici, as minorias ativas correspondem à classe de indivíduos detentores de uma proposta alternativa de sociedade e que se encontram dispersos em variadas áreas de atuação.

Por meio das respostas dadas pelos professores, entendemos que esses profissionais, quando indagados sobre o papel que desempenham na sociedade, enquanto pessoas conscientizadoras e formadoras de novas mentalidades, colocam-se prontamente como detentores de modernas e alternativas propostas pedagógicas e de percepção do meio ambiente e das relações sociais.

Nesse sentido, é interessante observar que esse grupo que se identifica às "minorias ativas" possui representações sociais "naturalistas" de meio ambiente e práticas pedagógicas convencionais, se autorreconhece como progressista em termos de atuação profissional.

Conclusão

O intuito de compreender dentro de um grupo a elaboração de representações de temas que se encontram atualmente em estágio de contínua elaboração, como é o caso do meio ambiente e da educação ambiental, resulta que nos defrontemos com um quadro de indefinições e contradições.

A pesquisa do tipo exploratória junto a um grupo sensibilizado pela questão ambiental e a sua aplicação educativa não deve ser vista como conclusiva.

Devemos também considerar que a mesma foi realizada no início do curso de pós-graduação, em julho de 1991, que teria a sua conclusão em julho de 1993; portanto trata-se das representações iniciais dos professores, antes de entrarem em contato com o conjunto dos temas de outras disciplinas.

Assim, entre 1991 e 1993, os professores tiveram a oportunidade de aprofundar as questões inicialmente abordadas.

Na medida em que esta pesquisa procura conhecer as representações iniciais, antes de um processo de formação em Educação Ambiental, acredito que ela fornece subsídios teóricos e metodológicos para outros cursos que se realizam no Brasil nesse sentido.

Bibliografia

ACOT, P. *História da ecologia*. Rio de Janeiro: Campus, 1990.

ALPHANDERY, P.; BITOUN, P.; DUPONT, Y. *O equívoco ecológico*. São Paulo: Brasiliense, 1992.

ALVES PEREIRA, A. C. *Os impérios nucleares e seus reféns*. Porto Alegre: Graal, 1984.

BOOKCHIN, M. *The philosophy qf social ecology*. Montreal: Black Rose, 1990.

BRANS, J. P.; STENGERS, I. *Temps et devenir*: autour de Prigogine. Genebra: Patino, 1988.

BRASLAVSKY, C. et al. *Educación en la transición a la democracia*: casos de Argentina, Brasil y Uruguay. Santiago: Unesco/Orealc, 1989.

BRUNNER, J. J.; GOMARIZ, E. *Modernidad y cultura en America Latina*. São José: Flacso, 1991.

BUARQUE DE HOLLANDA, H. (Org.). *Pós-modernismo e política*. Rio de Janeiro: Rocco, 1991.

CADMA. *Amazonia sin mitos*. Washington/Nova York: Bid/Pnud, 1992.

CASTORIADIS, C.; COHN-BENDIT. *De l'écologie à l'autonomie.* Paris: Seuil, 1981.

CAUBERT, C. *As grandes manobras de Itaipu.* São Paulo: Acadêmica, 1991.

CMDAALC. *Nuestra propia agenda.* Washington/Nova York: Bid/Pnud, 1991. p. 10.

COX, C. *Formas de gobierno en la educación superior:* nuevas perspectivas. Santiago: Flacso, 1990.

DOGAN, M.; KASARDA, J. *The metropolis era.* Londres: Sage, 1988. 2 v.

DUMOUCHE, P.; DUPUY, J. P. *L'auto-organisation:* de la physique au politique. Paris: Seuil, 1983.

DURKHEIM, E. *O suicídio.* Rio de Janeiro: Zahar, 1982.

DURSTON, J. Erroneous theses on youth in the 1990s. *Cepal Review,* n. 46, p. 90-109, abr., 1992.

DUVIGNEAUD, P. *La synthèse écologique.* 2. ed. rev. e cor. Paris: Dom, 1984.

EL CLARÍN. Educación y posmodernidad. Editorial. Buenos Aires, 21/8/1992.

FERREIRA, A. B. de H. *Novo dicionário Aurélio.* 1. ed., 8. reimp. Rio de Janeiro: Nova Fronteira, s/d.

FERRY, L. *Le nouvel ordre écologiyue.* Paris: Grasset, 1992.

FREITAG, B. *Piaget e a filosofia.* São Paulo: Unesp, 1991.

GARCIA, R. La investigación interdisciplinaria de sistemas ambientales. *Formación Ambiental,* v. 2, n. 3, p. 6-9, 1991.

GIOLLITO P. *Pédagogie de l'environnement.* Paris: PUF, 1982.

GLOBAL FORUM/ECO-92. *Tratado dos Povos da América*. Rio de Janeiro: Fórum Global, 1992.

GOES, R. et al. *De Angra a Aramar*: os militares a caminho da bomba. São Paulo: Cedi, s/d.

GUATTARI, F. *Les trois écologies*. Paris: Galilée, 1989.

_____. *Caosmose*: o novo paradigma estético. Rio de Janeiro: Editora 34, 1992.

GUDYNAS, E. The search for an ethic of sustainable development in L. America. In: ENGELS, J. R. (ed.). *Ethics of environment and development*. Londres: Belhaven Press, 1990.

_____. Una extraña pareja: los ambientalistas y el estado en A. Latina. *Ecologia Política*, Barcelona, n. 3, p. 51-64, 1992.

HABERMAS, J. *Le discours philosophique de la modernité*. Paris: Gallimard, 1988.

_____. *O discurso filosófico da modernidade*. Lisboa: Dom Quixote, 1990.

HAMMER, R.; McLAREN, P. Le paradoxe de l'image: connaissance médiatique et déclin de la qualité de vie. *Antropologie et Sociétés*, v. 16, n. 1, p. 21-39, 1992.

HARVEY, D. *The condition of postmodernity*. Oxford: Brasil Blackwell, 1989.

HORKHEIMER, M. *Eclipse da razão*. Rio de Janeiro: Labor, 1984.

HORTON, R. Pensée traditionnelle et pensée scientifique. *La pensée Métisse*. Paris: PUF, 1990. p. 45-65.

IROEGBU, P. *La pensée de J. Rawls face au défi communitarien*. Louvain-la-Neuve: Institut Superieur de Philosophie, 1988.

ISUANI, E. A. Política social y dinámica política en A. Latina. *Desarollo Económico* — Revista de Ciencias Sociales, v. 32, n. 125, p. 100-20, 1992.

JONAS, H. *Le principe de responsabilité*. Paris: Ed. du Cerf, 1990.

LABRA, G. H. La trasmisión del conocimiento y la heterogeneidad cultural. *Revista Mexicana de Sociología*, v. LIII, n. 4, p. 169-82, oct./dic. 1991.

LECHNER, N. (Org.). *Capitalismo, democracia y reformas*. Santiago: Flacso, 1991. p. 13.

LEIS, H. (Org.). *Ecologia e política mundial*. Petrópolis: Vozes, 1991.

LEIS, H. R. Um moderno mercado verde. *Jornal do Brasil*, 2 fev. 1992. Ideias e Ensaios.

LE MONDE. *Idées contemporaines*. Paris: La Découverte, 1984.

_____. *A sociedade*. São Paulo: Ática, 1989. (Série Entrevistas do Le Monde.)

LYOTARD, J. F. *La condition posmoderne*. Paris: PUF, 1979.

MANNHEIM, K. *Ideologia e utopia*. Rio de Janeiro: Guanabara, 1986.

MAST/CNPq. *O que o brasileiro pensa da ecologia*. Rio de Janeiro: Mast/CNPq, 1992.

MIRANDA, RIBEIRO, REICO & REIGOTA. *Produção de conhecimento*: ciência e linguagem. São Paulo: Bid/Usp. (Prelo).

MIRES, F. *El discurso de la naturaleza*: ecología y política en A. Latina. San José da Costa Rica: Dei, 1990.

MORSE, R. *A volta do Mcluhanaima*. São Paulo: Companhia das Letras, 1990.

MOSCOVICI, S. *La psychanalise, son image et son publique*. 2. ed. Paris: PUF, 1976.

_____. *A representação social da psicanálise*. Rio de Janeiro: Zahar, 1978.

_____. *La psychologie des minorités actives*. Paris: PUF, 1979.

_____. *La machine à faire des Dieux*. Paris: Fayard, 1988.

_____. *L'âge des foules*. Bruxelles: Complexe (nouvelle réimpression), 1991.

NOZICK, R. *Anarquia, estado e utopia*. Rio de Janeiro: Zahar, 1991.

PAULSTON, R. Ways of seeing education and social change in L. America. *Latin America Research Review*, v. 27, n. 3, p. 177-203, 1992.

PAZ, O. *O labirinto da solidão e post-scriptum*. Rio de Janeiro: Paz e Terra, 1984.

PRIGOGINE, I.; STENGERS, I. *La nouvelle alliance*. Paris: Gallimard, 1981.

_____. *Entre le temps et l'éternité*. Paris: Fayard, 1986.

RAWLS, J. *Uma teoria da justiça*. Brasília: Ed. da UnB, 1981.

REIGOTA, M. *Analyse de l'évolution du concept d'enseignement des sciences centré sur l'étude de l'environnement*. Dissertação (mestrado) — Universidade Católica de Louvain: Louvain La Neuve, 1987.

_____. *Les représentations sociales de l'environnement et les pratiques pédagogiques quotidiennes des professeurs de sciences à S. Paulo-Brésil*. Tese (doutorado) — Universidade Católica de Louvain, Louvain La Neuve, 1990.

_____. Educação ambiental, cidadania e criatividade. In: ZIGLIA, Z. *De educação e criatividade*. Campinas: Nep/Unicamp, 1991.

REIGOTA, M. Por uma filosofia da educação ambiental. In: PAVAN, C. (ed.). *Uma estratégia latino-americana para a Amazônia*. São Paulo: Memorial da América Latina, 1992.

_____. O *que é educação ambiental?* São Paulo: Brasiliense, 1994.

RICKLEFS, R. *Ecology*. Londres: Thomas Nelson, 1973.

SANTOS, S. B. *Introdução a uma ciência pós-moderna*. Rio de Janeiro: Paz e Terra, 1990.

SENAI. *De homens e máquinas*: Roberto Mange e a formação profissional. São Paulo: Senai, 1991.

SERRES, M. *Le contrat naturel*. Paris: François Bourin, 1990.

_____. *Le tiers instruit*. Paris: François Bourin, 1991.

SILLIAMY, N. *Dictionnaire encyclopédique de psychologie*. Paris: Bordas, 1980.

STENGERS, I. Entrevista. *Folha de S.Paulo*, 27 out. 1989.

_____. *Quem tem medo da ciência?* São Paulo: Siciliano, 1990.

_____. Préface. In: RIGAUX, N. *Raison et déraison*. Bruxelas: De Boeck, 1992.

STERN, S. Paradigms of conquest: history, historiography and politics. *Journal of Latin America Studies*, v. 24, p. 1-34, 1992.

STREN, R.; WHITE, R.; WHITNEY J. (eds.). *Sustainable cities*. Oxford: Westview, 1992.

TEIXEIRA, M. C. S. *Antropologia, cotidiano e educação*. Rio de Janeiro: Imago, 1990.

TOUFFET, J. *Le dictionnaire essentiel d'écologie*. Rennes: Ouest--France, 1992.

VAN PARUS, Ph. *Qu'est-ce que c'est une société juste?* Paris: Seuil, 1991.

VINK, N. *The telenovela and emancipation*: a study and on TV and social change in Brazil. Amsterdan: Royal Tropical Institute, 1988.

WEFFORT, F. *Qual democracia?* São Paulo: Companhia das Letras, 1992.

PROFESSORES REFLEXIVOS EM UMA ESCOLA REFLEXIVA

Isabel Alarcão

7ª edição

8 questões da nossa época

CORTEZ EDITORA

O ESPORTE PODE TUDO

Vítor Marinho

3 questões da nossa época

CORTEZ EDITORA

ÉTICA E COMPETÊNCIA

Terezinha Azerêdo Rios

filosofia

19ª edição

7 questões da nossa época

CORTEZ EDITORA

ADEUS PROFESSOR, ADEUS PROFESSORA?
novas exigências educacionais e profissão docente

José Carlos Libâneo

educação

12ª edição

2 questões da nossa época

CORTEZ EDITORA

questões da nossa época

A nova **coleção questões da nossa época** integra os projetos comemorativos dos 30 anos da Cortez Editora. Neste recomeço, seleciona textos endossados pelo público, relacionados a temáticas permanentes das áreas de Educação, Cultura Brasileira, Serviço Social, Meio Ambiente, Filosofia, Linguagem, entre outras. Em novo formato, a *Coleção* divulga autores prestigiados e novos autores, que discutem conceitos, instauram polêmicas, repropõem *questões* com novos olhares.

questões da nossa época